国家一流专业建设规划教材
中国地质大学(武汉)实验教学系列教材
中国地质大学(武汉)实验技术研究经费资助项目
中国地质大学(武汉)研究生教育教学改革研究项目(YJG2021208)

海洋地球化学实验指导书

HAIYANG DIQIU HUAXUE SHIYAN ZHIDAOSHU

吕晓霞　刘恩涛　刘秀娟　编著

中国地质大学出版社
ZHONGGUO DIZHI DAXUE CHUBANSHE

图书在版编目(CIP)数据

海洋地球化学实验指导书/吕晓霞,刘恩涛,刘秀娟编著.—武汉:中国地质大学出版社,
2021.9
 ISBN 978-7-5625-5077-8

Ⅰ.①海…
Ⅱ.①吕… ②刘… ③刘…
Ⅲ.①海洋地球化学-实验-高等学校-教学参考资料
Ⅳ.①P736.4-33

中国版本图书馆 CIP 数据核字(2021)第 149416 号

海洋地球化学实验指导书	吕晓霞 刘恩涛 刘秀娟 编著
责任编辑:唐然坤　　选题策划:张晓红　王凤林	责任校对:徐蕾蕾
出版发行:中国地质大学出版社(武汉市洪山区鲁磨路388号)	邮编:430074
电　　话:(027)67883511　　传　　真:(027)67883580	E-mail:cbb@cug.edu.cn
经　　销:全国新华书店	http://cugp.cug.edu.cn
开本:787毫米×1 092毫米　1/16	字数:148千字　印张:5.75
版次:2021年9月第1版	印次:2021年9月第1次印刷
印刷:湖北睿智印务有限公司	
ISBN 978-7-5625-5077-8	定价:28.00元

如有印装质量问题请与印刷厂联系调换

前　言

　　海洋科学是研究海洋的自然现象、性质及其变化规律，以及与开发利用海洋有关的知识体系。海洋科学的研究领域十分广泛，主要内容包括对海洋中的物理、化学、生物和地质过程的基础研究，以及面向海洋资源开发利用与海上军事活动等的应用研究。海洋本身的整体性、海洋中各种自然过程相互作用的复杂性、主要研究方法和手段的共同性，使海洋科学成为一门综合性很强的科学。

　　海洋地球化学是中国地质大学（武汉）的特色专业，是海洋科学专业的重要发展方向。作为地球化学中以海洋为主体的一个分支，海洋地球化学是研究海洋中化学物质的含量、分布、形态、转移和通量的学科。海洋地球化学课程为中国地质大学（武汉）海洋科学专业本科生的专业必修课，也是学生专业实习（北戴河、舟山等）的重要内容。

　　海洋地球化学是一门涉及海水和沉积物实验分析的课程，在教学过程中引入实验教学，能够帮助学生掌握海洋地球化学相关的分析技能，促进学生理解海洋地球化学在海洋科学中的重要性，从而提高学生的学习兴趣。本教材是笔者对近年来海洋地球化学涉及基础实验方法的总结和集成，本教材的出版给本学科的实践教学提供了有效的工具，同时可供海洋地质学、海洋环境学、海洋化学、海洋生态学、海洋矿产资源学等领域的科研、教学人员及学生在工作和学习中阅读参考。

　　本教材由吕晓霞、刘恩涛和刘秀娟3位老师负责编撰，其中碎屑锆石与年代学分析由刘恩涛老师负责编写，沉积物粒度分析由刘秀娟老师负责编写，其他部分由吕晓霞老师负责编写。

　　本教材的出版得到了中国地质大学（武汉）设备处、中国地质大学（武汉）海洋学院、中国地质大学出版社的关怀与鼎力支持。海洋学院及海洋科学系的领导和同事给予了大力相助。同时感谢研究生田茂竹、陈静、玉艺鑫、魏子谦和金鑫同学在资料搜集及图件处理中付出的努力！

笔者

2021年7月

目 录

第一部分 样品采集 ……………………………………………………………… (1)

第一章 水 样 ………………………………………………………………… (2)
第一节 采样前准备工作 ……………………………………………………… (2)
第二节 样品采集与存储 ……………………………………………………… (3)

第二章 悬浮颗粒物 …………………………………………………………… (6)

第三章 海洋沉积物 …………………………………………………………… (8)
第一节 采样要求 ……………………………………………………………… (8)
第二节 表层沉积物采样 ……………………………………………………… (8)
第三节 柱状沉积物采样 ……………………………………………………… (9)

第二部分 样品分析 ……………………………………………………………… (13)

第四章 水样分析 ……………………………………………………………… (14)
第一节 人工海水的配制 ……………………………………………………… (14)
第二节 常规环境元素的测定 ………………………………………………… (16)
第三节 五项营养盐 …………………………………………………………… (29)

第五章 悬浮颗粒物分析 ……………………………………………………… (38)

第六章 沉积物分析 …………………………………………………………… (39)
第一节 样品描述 ……………………………………………………………… (39)
第二节 含水率、pH 和 Eh ………………………………………………… (41)
第三节 粒度分析 ……………………………………………………………… (43)
第四节 黏土矿物分离与成分鉴定 …………………………………………… (46)

第五节　锆石挑选和年代分析 ·· (47)

第六节　无机元素分析 ·· (53)

第七节　有机质分析 ·· (66)

参考文献 ·· (76)

附录：φ 值-毫米换算表 ··· (78)

第一部分

样品采集

第一章 水 样

第一节 采样前准备工作

一、站位布设

样品采集站位布设和样品采集主要根据《海洋调查规范第2部分:海洋水文观测》(GB/T 12763.2—2007),具体设置如下。

站位布设应考虑因素为:调查目的、调查海区的地理位置、调查海区地形、调查海区水动力条件、物质来源、人力物力资源和采样的可能条件。调查站位一般可采用网格式布站,并选定若干横向和纵向断面布站。沿岸与近海区也可采用沿流系轴向和穿越流系、水团方向布站。穿越流系、水团断面应与陆岸垂直,或呈近似发散形。在水文或水化学条件变化剧烈的区域,应适当加密站位。在每一个调查区,应选取若干个有代表性站位作为定点观测站。在保证获取所需信息的前提下,尽量减少站位数。

二、调查层次

(1)河口、港湾、近海和洋区调查一般可分别按表1-1设置采样层次。

表1-1 采样层次

水深范围	层次
≤50m	表层、5m、10m、20m、30m、底层
>50m	表层、0m、10m、20m、30m、50m、75m、100m、150m、200m、300m、400m、500m、600m、800m、1000m、1200m、1500m、2000m、2500m、3000m…（3000m以下每1000m加一层）、底层

(2)断面观察站应采集全部层次水样,非断面观察站则可根据需要只采集水面至某一深度水样。

(3)对水文、水化学等条件剧烈变化的水层,必要时可加密采样层次。

三、调查时间与次数

调查时间与次数应根据水环境条件和特定调查目的确定。

(1) 对水体相对稳定的洋区,一年中应在环境特征典型的季节调查一次。

(2) 对受气象、流系季节影响显著的近海和边缘海,一年中至少应在环境特征显著差异的冬、夏两个季节各调查一次;在人力、物力条件许可时,也可在春、秋两季各增加一次调查。

(3) 对沿岸、河口等受气候、水文和物质来源影响的海区,一般情况应每季度调查一次,且采样时间应充分考虑潮汐影响;若欲获取更翔实的资料,则应每月调查一次。

(4) 当需要进行周日观测时,一般每2h观测一次,一周日共13次;周日观测至少应每3h观测一次,一周日共9次。

四、调查项目与分析方法

(1) 根据海洋调查的具体需要确定调查项目。常规调查要素一般包括pH、温度、盐度、密度、浊度、电导率、溶解氧、饱和度、总碱度、总有机碳(TOC)、活性硅酸盐、活性磷酸盐、硝酸盐、亚硝酸盐、铵盐等。

(2) 海水化学调查项目可按两类选定:一类为基本调查要素,即所有采集样品必须测定的要素;另一类为辅助要素,即仅测定某些航次、站位或层次样品的要素。

(3) 营养盐测定可采用营养盐自动分析方法,溶解氧测定可采用溶解氧探头测定法。

第二节 样品采集与存储

一、采水器材质的要求

根据各调查要素分析所需水样量和对采水器材质的要求,选择合适容积和材质的采水器并洗净。

用于测量溶解氧的水样储存于棕色磨口硬质玻璃瓶中;用于测量pH、总碱度和盐度的水样储存于广口聚乙烯瓶中;用于测量营养元素的水样储存于具双层盖的高密度聚乙烯瓶中(图1-1)。

  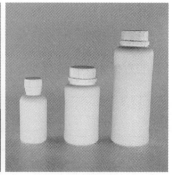

棕色磨口硬质玻璃瓶　　广口聚乙烯瓶　　具双层盖高密度聚乙烯瓶

图1-1　不同材质采水器

二、分装水样

样品的分装和储存主要参照《海洋调查规范第2部分：海洋水文观测》(GB/T 12763.2—2007)和《海洋监测规范第3部分：样品采集、贮存与运输》(GB 17378.3—2007)，不同分析项目的操作不同。

水样采上甲板后，先填好水样登记表，并核对瓶号；然后，立即按以下分样顺序分装水样，即溶解氧(DO)、pH、总碱度与氯化物、五项营养盐、总磷与总氮。

三、样品分装与储存

1. 溶解氧

利用碘量滴定法测定溶解氧。水样瓶容积约120mL(事先测定容积准确至0.1mL)的棕色磨口硬质玻璃瓶，瓶塞应为斜平底。

装取方法与储存：将乳胶管的一端接上玻璃管，另一端套在采水器的出水口，放出少量水样洗涤水样瓶两次；然后，将玻璃管插到水样瓶底部，慢慢注入水样，并使玻璃管口始终处于水面下，待水样装满并溢出水样瓶体积的1/2时，将玻璃管慢慢抽出，瓶内不可有气泡；每一水样装取2瓶。立即用自动加液器(管尖在紧靠液面下)依次注入1.0mL摩尔浓度2.4mol/L的氯化锰溶液和1.0mL的碱性碘化钾溶液(碱性碘化钾由氢氧化钠溶液和碘化钾溶液混合，氢氧化钠溶液摩尔浓度为6.4mol/L，碘化钾溶液摩尔浓度为1.8mol/L)，应注意此加液管外壁不可沾有碘试剂；加液后立刻塞紧瓶盖，并用手压住瓶塞和瓶底，将水样瓶缓慢地上、下翻转20次；将水样瓶浸泡于水中，有效保存时间为24h(对于受有机物污染严重的水样，则应立即滴定)。

2. pH

水样瓶为容积约50mL具双层盖的广口聚乙烯瓶。

装取方法与储存：用少量水样洗涤样品瓶两次，慢慢地将瓶子注满水样，立即旋紧瓶盖，存于阴暗处，放置时间不得超过2h。对于不能在2h内测定的水样，应加入一滴氯化汞溶液固定，旋紧瓶盖，混合均匀，有效保存时间为24h。

3. 总碱度与氯化物

水样瓶为容积约250mL具塞、平底硬质玻璃瓶，或200mL具螺旋盖的广口聚乙烯瓶。使用前应用体积分数为1%的盐酸浸泡7d，然后用蒸馏水彻底洗净，晾干。

装取方法与储存：用少量水样洗涤样品瓶两次；然后，装取水样约100mL(若要测定氯化物则应装取200mL水样)，立即盖紧瓶塞，有效保存时间为3d。

4. 五项营养盐

硅酸盐(SiO_3^{2-})、磷酸盐(PO_4^{3-})、硝酸盐(NO_3^-)、亚硝酸盐(NO_2^-)、铵盐(NH_4^+)和总有机

碳（TOC）水样合并装于同一个水样瓶中（铁的菲啰啉蓝测定法样品单独分装于 200mL 的具有两层盖的高密度聚乙烯瓶中，无须过滤处理）。

水样瓶为容积约 500mL 且具有双层盖的高密度聚乙烯瓶。初次使用前，应用体积分数 1% 的盐酸浸泡 7d，然后洗涤干净，备用。

滤膜：海水过滤滤膜为孔径 0.45μm 的混合纤维素酯微孔滤膜。使用前应用体积分数为 1% 的盐酸浸泡 12h，然后用蒸馏水洗至中性，浸泡于蒸馏水中，备用。每批滤膜经处理后，应对各要素做膜空白试验，确认滤膜符合要求后，空白值应低于各要素的检测下限方可使用。若任一要素的膜空白值超过其检测下限时，应更换新批号滤膜。

装取方法与储存：用少量水样荡洗水样瓶两次；然后，装取约 500mL 水样，立即用处理过的滤膜过滤于另一个 500mL 水样瓶中；若需保存，应加入占体积分数 2‰ 的三氯甲烷（注意：剧毒，小心操作！），盖好瓶塞，剧烈振摇 1min，放在冰箱或冰桶内于 4~6℃ 低温保存，有效保存时间为 24h。未经三氯甲烷固定和冷藏的水样，应在采样后 2h 内测定。

5. 总磷与总氮

取 500mL 海水水样于聚乙烯瓶中，加入 1.0mL 体积分数 50% 的硫酸溶液，混匀，旋紧瓶盖储存，有效保存时间为一个月。

50% 硫酸溶液的配制：在水浴冷却和不断搅拌下，将 250mL 浓硫酸（H_2SO_4，$\rho=1.84g/mL$）缓慢加入 250mL 蒸馏水中配制。

第二章　悬浮颗粒物

悬浮颗粒物的采集和分析参照《海洋调查规范第8部分：海洋地质地球物理调查》(GB/T 12763.8—2007)，悬浮颗粒物采样和分析要求如下。

一、采样方法

悬浮体采集一般使用横式采水器、颠倒采水器(南森采水器)等(图2-1)。采水层次根据水深或调查要求确定，近海一般采集表、中、底3层。海底悬浮沉积物利用沉积物捕获器采集(图2-2)。

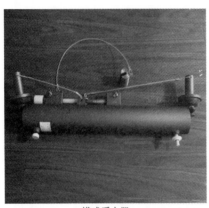
横式采水器

颠倒采水器

图2-1　横式采水器和颠倒采水器(南森采水器)

图2-2　沉积物捕获器

二、采集步骤

(1) 水样采集后,应尽快从采样器中放出样品。
(2) 在水样装瓶的同时摇动采样器,防止悬浮物在采样器内沉降。
(3) 除去杂质,如树叶等。

三、样品分析要求

(1) 悬浮体采水量根据实验目的的不同设定,通常情况下远海为2000mL,近海采水量不得少于1000mL,含沙量高的河口区采水量约500mL。

(2) 滤膜应提前烘干、称重和编号,称量天平感量为0.0001g,分析中各步骤称量应采用同一天平。

(3) 悬浮体分析要求计算出单位体积海水中泥沙的含量,泥沙的粒级组分用自动化粒度分析仪分析。

(4) 需进行生物或有机质测定时,取样品的一半进行烧失量分析,在500℃温度下灼烧2h,计算出烧失量。

第三章　海洋沉积物

第一节　采样要求

海洋沉积物采样要求参照《海洋调查规范第 8 部分：海洋地质地球物理调查》（GB/T 12763.8—2007）。海洋沉积物样品采集一般需要注意以下几个方面的要求。

(1)底质采样应先测水深，再表层采样，之后进行柱状采样。

(2)深海采样应两次定位，调查船到站和采样器到达海底时各测定一次船位。

(3)样品采集应达到规定数量，并尽量保持原始状态。

(4)采集的样品一般应及时低温保存。

第二节　表层沉积物采样

一、采样方法

底质表层样品采集一般采用蚌式、箱式、多管式、自返式或拖网等采样器。

一般情况下多选用蚌式采样器，大洋采样可适当选用自返式无缆采样器，对样品有特殊要求（如要求数量大、无扰动样等）的调查可选用箱式采样器，当底质为基岩、砾石或粗碎屑物质时，选用拖网采样器(图 3-1、图 3-2)。

蚌式采样器

箱式采样器

图 3-1　蚌式和箱式采样器

自返式采样器　　　　　　　　　　　拖网采样器

图 3-2　自返式采样器和拖网采样器

二、采集步骤

(1) 将绞车的钢丝绳与采样器连接,检查是否牢固,同时测采样点水深。

(2) 慢速开动绞车将采样器放入水中。稳定后,常速下放至离海底一定距离,即 3～5m 处,再全速降至海底。此时应将钢丝绳适当放长,浪大流急时更应如此。

(3) 采样后,慢速提升采样器,离底后快速提至水面,再慢速提出水面,当采样器高过船舷时,停车,将其轻轻降至接样板上。

(4) 打开采样器上部耳盖,轻轻倾斜采样器,使上部积水缓缓流出。若因采样器在提升过程中受海水冲刷,样品流失过多或因沉积物太软、采样器下降过猛,沉积物从耳盖中冒出,均应重采。

(5) 样品处理完毕,取出采样器中的残留沉积物,冲洗干净,待用。

三、采样要求

采取的样品应保证一定数量,沉积物样品不得少于 1000g,若达不到此质量,该站则列为空样站,调查区内空样站位数不得超过总站位数的 10%。拖网采样应尽量增大网具的强度和绞车钢绳的负荷能力,以利于获取样品。

第三节　柱状沉积物采样

一、采样方法

底质柱状采样常使用重力采样器、重力活塞、振动活塞及浅钻等取样设备进行(图 3-3、图 3-4)。

二、采集步骤

(1) 先要检查柱状采样器各部件是否安全牢固。

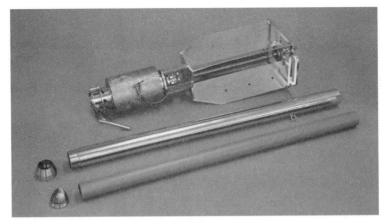

图 3-3　小型重力采样器

图 3-4　浅钻

(2) 进行表层采样, 要了解沉积物性质, 若为砂砾沉积物, 就不进行重力取样。

(3) 确定进行重力采样后, 慢速开动绞车, 将采样器慢慢放入水中, 待取样管在水中稳定后, 常速下至离海底 3～5m 处, 再全速降至海底, 立即停车。

(4) 采样后, 慢速提升采样器, 离底后快速提至水面, 再慢速提出水面。停车后, 用铁钩钩住管身, 转入舱内, 平卧于甲板上。

(5) 首先, 小心将取样管上部积水倒出, 测量取样管打入深度; 然后, 按要求将取样管分段保存, 如有条件可以在操作间内将取样管剖开, 将取样管依次放在接样板上进行处理和描述; 最后, 进行分样。柱状采样器可以采集垂直断面沉积物样品, 如果采集到的样品本身不具有机械强度,那么从采样器上取下样品时应小心保持泥样纵向的完整性。若柱样长度不足或样管斜插入海底,均应重采。

二、采样要求

(1)底质为基岩或粗碎屑沉积物,不宜进行柱状采样。

(2)柱状采样管配重为300～600kg,采取的柱状样长度不得少于150cm。

(3)陆架海区柱状采样站数应占表层样站数的1/10以上,大洋海区柱状采样站数应占表层样站数的1/15。

(4)采取的样品应及时做好层次标记,上下次序不得颠倒。

(5)分割样品时,应注意断面和剖面上样品的完整性,防止污染或损坏样品。

三、有机分析样品采样要求

(1)取样和保存样品的容器材料应为惰性,并对被测成分的吸附能力较小,容易清洗。

(2)容器在使用之前,先用自来水和超纯水冲洗干净,再用有机溶剂润洗2～3次,最后将其晾干或烘干。

(3)表层样品采集后可以用铝箔包裹后放入自封袋中保存,避免塑料污染。

(4)柱状样品采集后需要进行样品分割。用于分割的工具材料也应为惰性的,并且对被测成分的吸附能力较小且容易清洗。按照需求将样品分为特定大小后,将样品用铝箔包裹放入自封袋,并贴好标签标明取样深度。

(5)所有样品采集或分割后,需低温保存,防止组分变质以及水分、挥发性成分的损失。

第二部分

样品分析

第四章　水样分析

第一节　人工海水的配制

一、原理

根据天然海水的组成,使用化学药品按照一定的比例配制出与天然海水理化性质相同的人工海水。根据藻类对营养元素的需求,按照一定的比例配制出营养液母液。

二、器材、试剂和步骤

1. 所需器材

器具材料:1000mL 烧杯(22 个)、玻璃棒(22 个)、200mL 烧杯(42 个)、1mL 移液管(22 个)、1000mL 容量瓶(22 个)、1000mL 三角瓶(22 个)、100mL 容量瓶(22 个)、100mL 试剂瓶(62 个)、50mL 容量瓶(22 个)、10mL 移液管(22 个)、5mL 移液管(22 个)、0.2mL 移液管(22 个)、牛皮纸和橡皮筋(若干)。

仪器设备:分析天平、盐度计、pH 计、高压灭菌锅。

2. 人工海水的配制步骤

人工海水(1000mL)所需试剂的参数见表 4-1。人工海水的配制步骤如下。

(1)按照表 4-1,用分析天平称取相应质量的 $NaCl$、KBr、KCl、H_3BO_3、Na_2SO_4、$NaHCO_3$、Na_2CO_3,依次倒入 1000mL 烧杯中,然后加入 400mL 蒸馏水,用玻璃棒搅拌直至完全溶解(如未完全溶解,再加入少许蒸馏水)。

(2)称取一定质量的 $CaCl_2 \cdot 2H_2O$,$MgCl_2 \cdot 6H_2O$,$SrCl_2 \cdot 6H_2O$,依次倒入 200mL 烧杯中,加 100mL 蒸馏水溶解。

(3)将步骤(2)中的溶液缓慢加入步骤(1)中的烧杯进行混合,边加入边搅拌。

(4)称取 0.15g NaF,溶解于 30mL 蒸馏水中,然后倒入 50mL 容量瓶中,定容,每组取该溶液 1mL 至本组的 1000mL 烧杯中(指定一个组配制)。

(5)将 1000mL 烧杯中的溶液,倒入 1L 容量瓶中,定容。

(6)最后将容量瓶中的人工海水倒入三角瓶中。

表 4-1 人工海水(1L)所需线剂

化学式	质量或体积	摩尔浓度/mol·L^{-1}
NaCl	24.54g	4.20×10^{-1}
KBr	0.1g	8.40×10^{-4}
KCl	0.7g	9.39×10^{-3}
H_3BO_3	0.003g	4.85×10^{-5}
Na_2SO_4	4.09g	2.88×10^{-2}
$NaHCO_3$	0.16g	2.20×10^{-3}
Na_2CO_3	0.032g	2.20×10^{-3}
$CaCl_2 \cdot 2H_2O$	1.54g	1.05×10^{-2}
$MgCl_2 \cdot 6H_2O$	11.1g	5.46×10^{-2}
$SrCl_2 \cdot 6H_2O$	0.017g	6.38×10^{-5}
NaF	1mL(0.3g/100mL)	7.14×10^{-5}

3.营养液的配制步骤

1)常量营养元素

配制营养液母液常量营养元素(100mL)所需物质的质量及浓度见表 4-2,具体步骤如下。

表 4-2 配制营养液母液常量营养元素所需质量及摩尔浓度

化学式	质量/g	摩尔浓度/mol·L^{-1}
$NaNO_3$	0.85	1.00×10^{-1}
$NaH_2PO_4 \cdot H_2O$	0.138	1.00×10^{-2}
$Na_2SiO_3 \cdot 9H_2O$	2.84	9.99×10^{-2}

(1)称取一定质量的 $NaNO_3$、$NaH_2PO_4 \cdot H_2O$,溶解于 50mL 蒸馏水中,倒入 100mL 容量瓶中,定容,转移到 100mL 试剂瓶中备用。

(2)称取一定质量的 $Na_2SiO_3 \cdot 9H_2O$,溶解于 50mL 蒸馏水中,倒入 100mL 容量瓶中,定容,转移到 200mL 试剂瓶中备用。

2)微量营养元素

配制营养液母液中微量营养元素(100mL)所需物质及浓度见表 4-3,具体步骤如下。

(1)称取一定量的 Na_2EDTA,倒入 200mL 烧杯中,加入 50mL 蒸馏水,搅拌溶解,得溶液(1)。

(2)称取表 4-3 中一定量的②~⑥试剂,倒入 200mL 烧杯中,加入 30mL 蒸馏水,搅拌溶解,倒入 50mL 容量瓶,定容,得溶液(2)。

(3)吸取 10mL 溶液(2)倒入溶液(1)中得到溶液(3)。

(4)称取一定量的 $CuSO_4 \cdot 5H_2O$,溶解于 30mL 蒸馏水中,搅拌溶解,倒入 50mL 容量瓶中,得溶液(4),定容。

(5)吸取 0.1mL 溶液(4)倒入溶液(3)中得溶液(5)。

(6)称取一定量的 Na_2SeO_3,溶解于 30mL 蒸馏水中,搅拌溶解,倒入 50mL 容量瓶,定容,得溶液(6)。

(7)吸取 0.1mL 溶液(6)倒入溶液(5)中,得到溶液(7)。

(8)将溶液(7)倒入到 100mL 容量瓶中,定容。

(9)将定容后的液体,倒入 100mL 试剂瓶中。

表 4-3 配制营养液母液微量营养元素所需物质及浓度

序号	化学式	质量/体积	摩尔浓度/mol·L^{-1}
①	Na_2EDTA	2.92g	—
②	$FeCl_3 \cdot 6H_2O$(0.135g/50mL)	10mL	9.99×10^{-4}
③	$ZnSO_4 \cdot 7H_2O$(0.115g/50mL)	10mL	8.00×10^{-4}
④	$MnCl_2 \cdot 4H_2O$(0.012g/50mL)	10mL	1.21×10^{-4}
⑤	$CoCl_2 \cdot 6H_2O$(0.006g/50mL)	10mL	5.04×10^{-5}
⑥	$Na_2MoO_4 \cdot 2H_2O$(0.012 1g/50mL)	10mL	1.00×10^{-4}
⑦	$CuSO_4 \cdot 5H_2O$(0.245g/50mL)	0.1mL	1.96×10^{-5}
⑧	Na_2SeO_3(0.095g/50mL)	0.1mL	1.10×10^{-5}

注:$CuSO_4 \cdot 5H_2O$ 和 Na_2SeO_3 单独溶解。

三、海水理化性质测定

(1)校准 pH 计,测定人工海水的 pH,并记录。

(2)校准盐度计,测定人工海水的盐度,并记录。

(3)测定海水温度,然后用移液管量取 5mL 的海水,在分析天平上称重,计算海水的密度。

四、海水与营养液灭菌

将储存海水与营养液的试剂瓶用牛皮纸封口,在高压灭菌锅中 115℃、30min 灭菌处理。

第二节 常规环境元素的测定

一、水温

1. 技术指标

(1)水温观测的准确度:主要根据项目的要求和研究目的,同时兼顾观测海区和观测方法的不同以及仪器的类型,按表 4-4 确定水温观测的准确度。

表 4-4 水温观测的准确度和分辨率

准确度等级	准确度/℃	分辨率/℃
1	±0.02	0.005
2	±0.05	0.01
3	±0.2	0.05

(2)观测时次:大面或断面测站,船到站观测一次;连续测站,一般每小时观测一次,或根据研究需要进行不同时长观测。

(3)水温观测的标准层次:标准观测层次如表 4-5 所示。

表 4-5 标准观测层次

水深范围	标准观测水层	底层与相邻标准层的最小距离/m
<50m	表层、5m、10m、15m、20m、25m、30m、底层	2
50～100m	表层、5m、10m、15m、20m、25m、30m、50m、75m、底层	5
100～200m	表层、5m、10m、15m、20m、25m、30m、50m、75m、100m、125m、150m、底层	10
>200m	表层、10m、20m、30m、50m、75m、100m、125m、150m、200m、250m、300m、400m、500m、600m、700m、800m、1000m、1200m、l500m、2000m、2500m、3000m(水深大于 3000m 时,每 1000m 加一层)、底层	25

注:①表层指海面下 3m 以内的水层。
②底层的规定为:水深不足 50m 时,底层为离底 2m 的水层;水深在 50～200m 范围内时,底层离底的距离为水深的 4%;水深超过 200m 时,底层离底的距离要根据水深测量误差、海浪状况、船只漂移情况和海底地形特征综合考虑,在保证仪器不触底的原则下尽量靠近海底。
③底层与相邻标准层的距离小于规定的最小距离时,可免测接近底层的标准层。

2. 观测方法

1)温盐深仪(CTD)定点测温

温盐深仪(CTD)操作主要包括室内和室外操作两大部分。前者主要是控制作业进程,后者则是收放水下单元(图 4-1),两者应密切配合、协调进行,具体观测步骤和要求如下。

(1)观测期间首先在计算机中输入观测日期、文件名、站位(经度、纬度)和其他有关的工作参数。

(2)投放仪器前应确认机械连接牢固可靠、水下单元和采水器水密情况良好。待整机调试至正常工作状态后,开始投放仪器。

图4-1 CTD室外操作

(3)将水下单元吊放至海面以下,使传感器浸入水中感温3~5min。对于实时显示CTD,观测前应记下探头在水面时的深度(或压强值);对自容式CTD,应根据取样间隔确认在水面已记录了至少3组数据后方可下降进行观测。

(4)根据现场水深和所使用的仪器型号确定探头的下放速度。一般下放速度应控制在1.0m/s左右。在温跃层以下,下降速度可稍快些,但以不超过1.5m/s为宜。在一次观测中,仪器下放速度应保持稳定。若船只摇摆剧烈,可适当提高下放速度,以避免观测数据中出现较多的深度(或压强)逆变。

(5)为保证测量数据的质量,取仪器下放时获取的数据为正式测量值,仪器上升时获取的数据作为水温数据处理时的参考值。

(6)获取的记录如磁盘、记录板和存储器等,应立即读取或查看。如发现缺测数据、异常数据、记录曲线间断或不清晰时,应立即补测。若确认测温数据失真,应检查探头的测温系统,找出原因,排除故障。

(7)CTD测温注意事项:①释放仪器应在迎风舷,避免仪器被压入船底,观测位置应避开机舱排污口及其他污染源(图4-1);②探头出入水时应特别注意防止和船体碰撞,在浅水站作业时还应防止仪器触底;③利用CTD测水温时,每天至少应选择一个比较均匀的水层与颠倒温度表的测量结果比对一次,如发现CTD的测量结果达不到所要求的准确度,应及时检查仪器,必要时更换仪器传感器,并将比对和现场标定的详细情况记入观测值班日志;④CTD的传感器应保持清洁,每次观测完毕,必须冲洗干净,不能残留盐粒和污物,探头应放置在阴凉处,切忌曝晒。

2)走航测温

使用投弃式温深仪(XBT)(图4-2)、投弃式温盐深计(XCTD)和MVP300型走航温盐深剖面系统(图4-3)等仪器,走航测温的基本步骤和要求如下。

(1)XBT和XCTD观测:①仪器探头投放前,输入探头编号、型号、时间、站号、站位(经度、纬度),并进入投放准备状态;②应用手持发射枪或固定发射架(要求良好接地),将探头投入水中,带有仪器控制器的专用计算机便开始显示采集数据或绘制曲线;③探头的投放最好选在船体后部进行,以免导线与船舷摩擦。

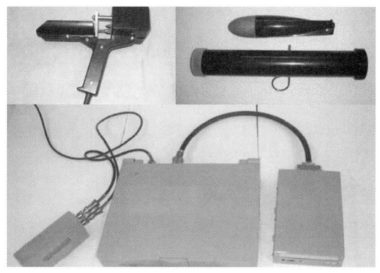

图 4-2 投弃式温深仪(XBT)

图 4-3 走航温盐深剖面系统

(2)走航温盐深剖面系统观测:①绞车系统自检、数据采集及通信软件自检、GPS 数据检测;②按观测要求,船只以规定船速航行;③投放走航式 CTD 拖鱼,并储存数据(图 4-4);④回收走航式 CTD 拖鱼。

3)标准层水温的观测

可利用 CTD、XBT、XCTD 和走航式 CTD 等仪器测得的标准层的上、下相邻的观测值,通过内插求得标准层的水温。

图 4-4 走航式 CTD 拖鱼

3. CTD 仪观测记录的整理

CTD 资料的处理原则上按照仪器制造公司提供的数据处理软件或通过鉴定的软件实施,基本规则和步骤如下。

(1)将仪器采集的原始数据转换成压力、温度及电导率数据。

(2)对资料进行编辑。

(3)对资料进行质量控制,主要包括剔除坏值、校正压强零点以及对逆压数据进行处理等。

(4)进行各传感器之间的延时滞后处理。

(5)取下放仪器时观测的数据计算温度,并按规定的标准层深度保存数据。

4. 现场 XBT、XCTD 和走航式 CTD 资料处理

走航测温资料处理的规则如下。

(1)XBT、XCTD 和走航式 CTD 探头测量的原始数据,通过厂家提供的数据处理软件或通过鉴定的软件进行转换和处理。

(2)XBT 的资料信息也可通过发射机向有关卫星发射。

(3)XCTD 应通过它的校准系数计算出温度等要素。

二、透明度

1. 光度学海水透明度测量仪

海洋学海水透明度是指 30cm 的透明度盘垂直放入到水中,在水中"消失"时的水深深度。

随着海水透明度光电测量方法的出现,海水透明度也有了新的定义(任尚书等,2019)。光度学海水透明度(T),指一束平行光束在水中传播一定距离后,光强(I)与原来的光强(I_0)之比,即:

$$T = \frac{I}{I_0} \tag{4-1}$$

而光在海水中的传播特性满足朗伯定律:

$$I = I_0 \, e^{-rl} \tag{4-2}$$

式中,l 为测量管的长度;r 为衰减系数。

由上述两个公式可以得出:

$$T = e^{-rl} \tag{4-3}$$

如果测量管的长度为 1m,则透明度值的自然对数便与衰减系数的绝对值相等,即:

$$\ln T = |r| \tag{4-4}$$

光度学海水透明度测量仪采用自带光源,光源发出的光经过装有海水的测量管后,被光电检测系统所接收。

由光度学海水透明度测量原理可以看出,光度学海水透明度测量仪测量的是自带光源的光强,得到海水的固有光学特性,而海洋学海水透明度测量的是太阳光的辐照度,得到海水的表观光学特性,这是两者的主要区别(图 4-5)。

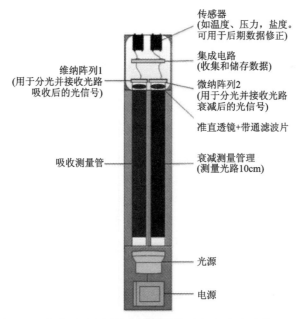

图 4-5 海水透明度测量仪装置结构示意图(任尚书等,2019)

2.透明度盘法

透明度的海洋学定义是根据透明度盘法定义的。透明度盘测量的深度是透明度盘反射、散射及透明度盘以上的水柱及周围海水的散射光相平衡时的结果。所以,透明度盘测得的透明度值是相对透明度(任尚书,2017)。

透明度盘实物如图4-6所示,透明度盘是由较厚的亚克力板制成的直径为200~300mm的圆盘。测量时,要保证透明度盘的整洁,避免波浪和直射阳光。由于塞氏盘的黑色部分可以提供参照,与白色部分形成对比,使用时比白色透明度盘要便于观察,因此塞氏盘是应用最多的透明度盘。将塞氏盘浸入水体中,至刚好看不到塞氏盘上的黑白分界线时为止,这时绳子在水面以下的长度标记数值就是该水体的透明度。在读取绳索的标记数值时,若数值在1m以内,记录的结果应该精确到0.01m;若深度在1m以上时,记录的结果可以精确到0.1m。

图4-6 塞氏盘

三、浊度

浊度是一种光学效应,它反映了光线在透过水层时受到的阻碍程度,指悬浮于或均匀分布于海水中的不溶性微小颗粒物质或可溶性有机与无机化合物等,对海水中入射光线的散射、吸收所导致光线的衰减程度,是表征海水光学现象的物理特征指标(施美霞,2020)。海水悬浮物浓度,即浊度可利用海水浊测量仪来测定。

当水样没有不可溶解的颗粒时,它是一个透明、均一的体系,一束光线穿过它时只有水样对光谱吸收造成的损失。但当水样里含有不可溶解的物质时,一束光线穿过它,除了原本水样吸收光谱带来的损失外,还有由于不可溶解物质吸收光谱带来的损失及由于不可溶解物质对光向各个方向不均匀扩散传播(俗称为光散射)带来的损失。虽然有很多厂家生产浊度仪,且不同厂家有各种不同的浊度仪技术,但总的说来,浊度仪可大致概括为3种要素的区分:①入射光的光源选择;②散射光的检测角度;③多个检测器的应用(比率技术)。

测量前应检查浊度仪外观有无擦伤、锈蚀、漏底、裂纹及起泡等现象,浊度仪电极引线应连接可靠,各紧固件、接插件不应有松动现象(图4-7)。进行计量性能检测和环境适应性检测后便可进行海水浊度的测量。

四、盐度和Eh测定

根据标准《海洋调查规范第2部分:海洋水文观测》(GB/T 12763.2—2007),盐度和Eh观测具体方法如下。

第四章 水样分析

图 4-7 浊度仪

1. 技术指标

(1)盐度测量的准确度：主要根据项目的要求和研究目的，同时兼顾观测海区和观测方法的不同以及仪器的类型，按表 4-6 确定盐度测量的准确度。

表 4-6 盐度测量的准确度和分辨率

准确度等级	准确度/‰	分辨率/‰
1	±0.02	0.005
2	±0.05	0.01
3	±0.2	0.05

(2)观测时次：盐度与水温同时观测。大面或断面测站，船到站观测一次；连续测站，每小时观测一次。

(3)盐度测量的标准层次：盐度测量的标准观测层次与温度相同，见表 4-5。

2. 观测方法

1)温盐深仪(CTD)定点测量盐度

利用基本步骤和要求如下。

(1)利用 CTD 测量盐度、电导率和温度是在同一仪器上实施的，其观测步骤和要求基本相同。

(2)利用 CTD 测量盐度时，每天至少应选择一个比较均匀的水层，与利用实验室盐度计对海水样品的测量结果比对一次。在深水区测量盐度时，每天还应采集水样，以便进行现场标定。如发现 CTD 的测量结果达不到所要求的准确度，应及时检查仪器，必要时更换仪器传感器，并应将比对和现场标定的详细情况记入观测值班日志。

(3)CTD 的电导率传感器应保持清洁。每次观测完毕，都必须用蒸馏水(或去离子水)冲洗干净，不能残留盐粒或污物。

2)走航测量盐度

利用 XCTD 和走航式 CTD 可以测量海水盐度。

(1)XBT 和 XCTD 观测:①仪器探头投放前,输入探头编号、型号、时间、站号、经度和纬度,并进入投放准备状态;②应用手持发射枪或固定发射架(要求良好接地),将探头投入水中,带有仪器控制器的专用计算机便开始显示采集的盐度数据或绘制曲线;③探头的投放,最好选在船体后部进行,以免导线与船舷磨擦。

(2)走航式 CTD(MVP 300)观测:①绞车系统自检、数据采集及通信软件自检、GPS 数据检测;②按观测要求,船只以规定船速航行;③投放 CTD 拖鱼,并储存盐度数据;④回收 CTD 拖鱼。

3. 资料处理

(1)CTD 仪测量盐度资料的处理:CTD 资料的处理原则上按照仪器制造公司提供的数据处理软件或通过鉴定的软件实施。基本规则和步骤:①将仪器采集的原始数据转换成盐度数据;②对资料进行编辑;③对资料进行质量控制,主要包括剔除坏值、校正压强零点以及对逆压数据进行处理等;④进行各传感器之间的延时滞后处理;⑤取下放仪器时观测的数据计算盐度,并按规定的标准层深度保存数据。

(2)XCTD 和走航式 CTD 测温资料处理规则:①XBT、XCTD 和走航式 CTD 探头测量的原始数据,通过厂家提供的数据处理软件或通过鉴定的软件进行转换和处理;②XBT 的资料信息也可通过发射机向有关卫星发射;③XCTD 应通过它的校准系数计算出盐度等要素。

五、pH 测定

1. 测定方法

利用 pH 计测定海水的 pH。具体步骤如下。

1)pH 计校准

在室温下用混合磷酸盐标准缓冲溶液和四硼酸钠($Na_2B_4O_7 \cdot 10H_2O$)标准缓冲溶液校准 pH 计(图 4-8)。将 pH 计上温度补偿器刻度调至与溶液温度一致(若 pH 计有自动温度补偿,此步骤省略)。按 pH 计说明书操作步骤分别用上述两种标准缓冲溶液的液温对应的标准 pH 反复对 pH 计进行校准,至电极电位平衡稳定。每次更换标准缓冲溶液时,应先用蒸馏水冲洗电极,然后用滤纸吸干。

图 4-8 pH 计

2)水样测定

pH 计校准后将电极对提起,移开标准缓冲溶液,用蒸馏水淋洗电极,然后用滤纸将水吸干;将电极对浸入待测水样中,使电极电位充分平衡,待仪器读数稳定后,记下水样温度和 pH 读数,填入 pH 测定记录表中。

2. 计算

将测得的 pH 按下式进行温度校准和压力校正,求得现场 pH。

$$\mathrm{pH}_w = \mathrm{pH}_m + \alpha(t_m - t_w) - \beta d \tag{4-5}$$

式中,pH_w,pH_m 分别为现场和测定时的 pH;t_w,t_m 分别为现场和测定时的水温,℃;d 为水样深度,m;α,β 分别为温度和压力校正系数,$\alpha(t_w-t_m)$ 和 βd 分别查表可得。

如果水样深度在 500m 以内,不必进行压力校正,上述公式可简化为下式:

$$\mathrm{pH}_w = \mathrm{pH}_m + \alpha(t_m - t_w) \tag{4-6}$$

按 pH 测定记录表的要求,将数据逐项计算并填写。

六、溶解氧测定(碘量滴定法)

1. 方法原理

溶解氧测定参照《海洋地球化学第 2 部分:海洋水文观测》(GB/T 12763.2—2007)。基本原理为:当水样加入氯化锰和碱性碘化钾试剂后,生成的氢氧化锰被水中溶解氧氧化生成 $MnO(OH)_2$ 褐色沉淀。加硫酸酸化后,沉淀溶解。用硫代硫酸钠标准溶液滴定析出的碘,换算溶解氧含量。

2. 测定步骤

1) 硫代硫酸钠溶液的标定

用移液吸管吸取 15.00mL 碘酸钾标准溶液,沿瓶壁注入 250mL 碘量瓶中,用少量水冲洗瓶内壁,加入 0.6g 碘化钾,混匀;再加入 1.0mL 体积分数 50% 的硫酸溶液($\rho=1.84$g/mL),混匀,盖好瓶塞,在暗处放置 2min;取下瓶塞,沿壁加入 110mL 水,放入磁转子,置于电磁搅拌器上,立即开始搅拌并用硫代硫酸钠标准溶液进行滴定,待试液呈淡黄色时加入 3~4 滴淀粉指示剂,继续滴至溶液蓝色刚好消失。

重复标定至两次滴定管读数相差不超过 0.03mL 为止。将滴定管读数记入溶解氧测定记录表中,每隔 24h 标定一次。

2) 水样测定

水样固定后,待沉淀物沉降聚集至瓶的下部,便可进行滴定。

将水样瓶上层清液倒出一部分于 250mL 锥形烧瓶中,立即向沉淀中加入 1.0mL 体积分数 50% 的硫酸溶液,塞紧瓶塞,振荡水样瓶至沉淀全部溶解。

将水样瓶内溶液沿瓶壁倾倒入 250mL 锥形烧瓶中,将其置于电磁搅拌器上,立即搅拌,并滴定,待试液呈淡黄色时加入 3~4 滴淀粉指示剂,继续滴定至溶液呈淡蓝色。

用锥形烧瓶中的少量试液荡洗原水样瓶,再将其倒回锥形烧瓶中,继续滴定至无色;待 20s 后,如试液不呈淡蓝色,即为终点。将滴定所消耗的硫代硫酸钠标准溶液体积记录于溶解氧测定记录表中。

3. 计算

海水中溶解氧浓度计算公式如下。

$$c(O) = \frac{c \times V}{(V_1 - V_2) \times 2} \quad (4-7)$$

式中，$c(O)$ 为海水中溶解氧浓度，mmol/L；V 为滴定样品时消耗的硫代硫酸钠标准溶液体积，mL；c 为硫代硫酸钠标准溶液标定浓度，mmol/L；$V_1 - V_2$ 为实际水样的体积，mL；V_1 为水样瓶的容积，mL；V_2 为固定水样的固定剂体积，mL。

4. 溶解氧测定仪

目前，也有相关仪器可以直接测定水样的溶解氧含量，如图 4-9 为 JPSJ-605F 型实验室溶解氧测定仪。该方法检测速度比碘量法快，操作简便，根据仪器要求进行校准后便可对水样中溶解氧进行测量。

七、总碱度的测定

1. 方法原理

向水样中加入过量已知浓度盐酸溶液以中和水样中的碱，然后用 pH 计测定此混合溶液的 pH；由测得值计算混合溶液中剩余的酸度，再从加入的酸总量中减去剩余的酸量，即得到水样中碱的量，根据公式计算水样总碱度。

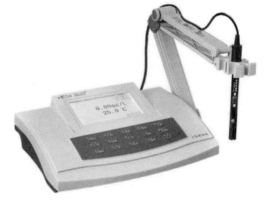

图 4-9 JPSJ-605F 型实验室溶解氧测定仪

2. 测定步骤

pH 计定位：用摩尔浓度 0.050mol/L 的邻苯二甲酸氢钾标准缓冲溶液（25℃时，pH=4.003）进行定位。

移取 25.00mL 水样置于 50mL 具塞聚乙烯广口瓶中（取双份平行样测定），加入 10.00mL 经标定的盐酸溶液，加盖旋紧，充分摇匀。

测定酸化水样的 pH，测定值应在 3.40~3.90 范围内。如 pH 大于 3.90 时，应取出电极对，另外加入 1.00mL 经标定的盐酸溶液，重新测定 pH；如 pH 小于 3.40，则应另加入 5.0mL 水样，重新测定 pH。将加入的盐酸溶液或水样的体积记录于总碱度测定记录表中。

3. 计算

按总碱度测定记录表的要求将数据逐项填写并下式计算总碱度。

$$A = \frac{V_{HCl} \times c(HCl)}{V_W} \times 1000 - \frac{\alpha_{H^+} \times (V_W + V_{HCl})}{V_W \times f_{H^+}} \times 1000 \quad (4-8)$$

式中，A 为水样总碱度，mmol/L；$c(HCl)$ 为盐酸溶液标定浓度，mmol/L；V_w 为水样体积，mL；V_{HCl} 为盐酸溶液体积，mL；α_{H^+} 为与测定溶液 pH 对应的氢离子活度；f_{H^+} 为与测定溶液 pH 和实际盐度对应的氢离子活度系数。

4. 总碱度测定仪

目前，也有便捷方式测定水样的总碱度，如水质总碱度测定仪，图 4-10 所示即为 ZD-211 型实验室水质总碱度测定仪。按照仪器要求对仪器进行校准和对样品进行预处理后即可测定样品的总碱度。

图 4-10 ZD-211 型实验室水质总碱度测定仪

八、多参数水质仪

多参数水质仪是近年来常用的测定海水参数的仪器。多参数水质测量仪主要应用于海洋调查船、海洋浮标、海洋站和其他监测平台上。根据《海水多参数水质仪检测方法》(HY/J 271—2018)，定点测量海水各种生态环境要素，包括温度、电导率、溶解氧、pH、浊度、氧化还原电位(ORP)。所有参数最好均在船上进行测试，当船时不够时，溶解氧和电导率可以采集样品带回实验室检测，其中用于测试溶解氧的样品要先进行溶解氧固定后才能带回实验室。常用的水质测定仪为 UPW-T700C 型多参数水质测定仪(图 4-11)。

图 4-11 UPW-T700C 型多参数水质测定仪

1. 水质仪外观和通电检查

(1)水质仪的外壳完好，无锈蚀、碰损的痕迹，铭牌清晰。
(2)水质仪各电极引线应连接可靠，各紧固件、接插件不应有松动现象。
(3)水质仪相关文件齐全。

(4)水质仪各传感器完好,通电后能正常工作。

2. 水质仪计量性能

水质仪计量性能参数如表4-7所示。

表4-7 水质仪计量性能参数表

要素名称	测量范围	最大允许误差		
		一级	二级	三级
温度/℃	0～35	±0.05	±0.1	±0.2
电导率/mS·cm^{-1}	0～65	±0.05	±0.2	±0.5
pH	2～12	±0.1	±0.2	±0.3
DO/mg·L^{-1}	0～15	±0.2	±0.3	±0.5
浊度/NTU	0～1000	±5%×读数	±10%×读数	±15%×读数
氧化还原电位/mV	-1000～1000	±20	±25	±30

3. 水质仪检测时的环境要求

(1)环境温度为(20±5)℃。
(2)相对湿度为20%～80%。
(3)电源电压为(220±22)V交流电。
(4)附近无强的机械振动和电磁干扰。
(5)浊度检测时附近无其他光源干扰。

4. 测量步骤

1)温度和电导率
(1)电导率和温度误差检测与温度同步进行,温度检测点为35℃、30℃、20℃、10℃、0℃,按照降温顺序进行。
(2)水质仪吊入恒温海水槽之前,要用海水冲洗电导池3～5次。
(3)对感应式、无泵式的电极式海水电导率传感器,在20℃以上的检测点,读数前需晃动水质仪数次以排除附着在电导池上的气泡。
(4)在每个检测点上,至少读取10个电导率数值和盐度数值,求其平均值作为该检测点上的电导率和盐度。盐度可以通过电导率来计算,电导率和盐度在0～40℃之间可换算。若盐度值(以NaCl计算)记为$Y(NaCl)$(单位:$×10^{-6}$),电导率值为X(单位:$\mu s/cm$),当前水温为t(单位:℃),则换算公式为:

$$Y(NaCl) = 1.3888 \cdot X - 0.02478 \cdot X \cdot t - 6171.9$$

(5)实验室测量海水样品时,每瓶海水测量两次,取其平均值作为该瓶海水的盐度值。

2)pH

(1)在(20±5)℃恒温环境中,用去离子水充分清洗水质仪后,用滤纸擦干。将四硼酸钠($Na_2B_4O_7 \cdot 10H_2O$)标准缓冲溶液和水质仪置于 pH 检测瓶内,开启水下机,待数据稳定后,至少读取10个数,取其平均值作为该检测点的 pH。

(2)在变温环境中,将四硼酸钠的标准缓冲溶液和水质仪置于 pH 检测瓶内,将其与精密温度计一起放入恒温海水槽内,分别调节水温至30℃、15℃和5℃,开启水下机,至少读取10个数,取其平均值作为该检测点的 pH。

3)溶解氧

将水质仪浸入恒温海水槽内,在恒温海水槽上覆盖一个隔热板。调节恒温海水槽温度分别到30℃、15℃和5℃,水温充分平衡后开启仪器,待数据稳定后,至少读取10个数,取其平均值作为该检测点的溶解氧值。

4)浊度

(1)在浊度常用测量范围内,确定检测点。

(2)利用浊度标准物质配制浊度标准储备液。

(3)将水质仪置于浊度标准溶液中,按浊度标准溶液的浊度值依次检测,开启仪器,待数据稳定后至少读取10个数,取其平均值作为该检测点的浊度值。

5)氧化还原电位

(1)配制氧化还原电位标准溶液。标准溶液为硫酸亚铁铵-硫酸高铁铵标准溶液,配制方法为:溶解39.21g 硫酸亚铁铵[$Fe(NH_4)_2 \cdot (SO_4)_2 \cdot 6H_2O$]、48.22g[$Fe(NH_4)(SO_4)_2 \cdot 12H_2O$]和56.2mL 摩尔浓度18.4mol/L 的浓硫酸于水中,稀释至1000mL,储存于玻璃或聚乙烯瓶中。此溶液在25℃时的氧化还原电位为+476mV,参比电极为 Ag/AgCl 电极。

(2)在(20±5)℃恒温环境下检测水质仪。用去离子水清洗水质仪至少3次,用滤纸吸干。将搅拌子放入烧杯内,并将氧化还原标准溶液和水质仪置于烧杯中,确保传感器的点电极部分完全浸入溶液中,开启电磁搅拌器和水下机,待数据稳定后至少读取10个数,取平均值作为该检测点的氧化还原电位值。

第三节 五项营养盐

五项营养盐的分析主要参照《海洋调查规范第4部分:海水化学要素调查》(GB/T 12763.4—2007),测定方法如下。

一、活性硅酸盐测定

1.方法原理

水样中的活性硅酸盐在弱酸性条件下与钼酸铵生成黄色的硅钼黄络合物后,用对甲替氨基酚硫酸盐(米吐尔)-亚硫酸钠将硅钼黄络合物还原为硅钼蓝络合物,用分光光度计于812nm 波长处进行分光光度测定(图4-12)。

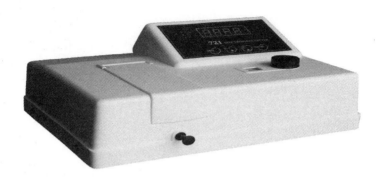

图 4-12 分光光度计

2. 测定步骤

1) 标准工作曲线绘制 (0~25.00μmol/L)

(1) 取 6 个 100mL 容量瓶,分别移入 0mL、1.00mL、2.00mL、3.00mL、4.00mL、5.00mL 的硅酸盐标准使用溶液 $[c(SiO_3^{2-} - Si) = 0.500\mu mol/L]$,用与水样盐度接近的人工海水(盐度 28‰ 或 35‰) 稀释至标线,混匀,即得硅酸盐摩尔浓度依次为 $0\mu mol/L$、$5.00\mu mol/L$、$10.00\mu mol/L$、$15.00\mu mol/L$、$20.00\mu mol/L$、$25.00\mu mol/L$ 的标准系列。

(2) 在两组各 6 个 50mL 反应瓶中,各加 10.0mL 质量浓度 8.0g/L 酸性钼酸铵溶液分别依次移入 25.0mL 上述硅酸盐标准溶液系列中,立即混匀;放置 10min(但不得超过 30min)后,各加入 15mL 混合还原剂,混匀。

(3) 30~40min 后,在分光光度计上,用 2cm 比色池,以无硅离子水为参比溶液,于 812nm 波长处测定吸光值 (A_s)。

(4) 将测定数据记录于标准曲线数据表中。以扣除空白吸光值后的吸光值为纵坐标,相应的活性硅酸盐-硅浓度(c)为横坐标绘制标准工作曲线,用线性回归法求得标准工作曲线的截距(a)和斜率(b)。

2) 水样测定

加入 10.0mL 酸性钼酸铵溶液于 50mL 反应瓶中,然后移入 25.0mL 水样(每份水样取双样测定),立即混匀,以下按照上述"1)标准工作曲线绘制"中的(2)和(3)步骤测定水样吸光值 (A_w),将测定数据记录于活性硅酸盐测定记录表中。

3. 计算

按下式计算水样中活性硅酸盐-硅的浓度:

$$c(SiO_3^{2-} - Si) = \frac{(\overline{A}_w - A_b) - a}{b} \tag{4-9}$$

式中,$c(SiO_3^{2-} - Si)$ 为水样中活性硅酸盐-硅的浓度,$\mu mol/L$;$\overline{A}_w$ 为水样测得的平均吸光值;A_b 为空白吸光值;a 为标准工作曲线截距;b 为标准工作曲线斜率。

二、活性磷酸盐测定

1. 方法原理

在酸性介质中,活性磷酸盐与钼酸铵反应生成磷钼黄络合物,在酒石酸氧锑钾存在时,磷钼黄络合物被抗坏血酸还原为磷钼蓝络合物,于882nm波长处进行分光光度测定。

2. 测定步骤

1)标准工作曲线绘制(0~4.80μmol/L)

(1)取6个100mL容量瓶,分别移入0mL、0.50mL、1.00mL、2.00mL、4.00mL、6.00mL的磷酸盐标准使用溶液[$c(PO_4^{3-}-P)=0.080\mu mol/L$],用水稀释至标线,混匀,即得磷酸盐摩尔浓度依次为0μmol/L、0.40μmol/L、0.80μmol/L、1.60μmol/L、3.20μmol/L、4.80μmol/L的标准溶液系列。

(2)取两组各6个50mL反应瓶,分别依次移入25.0mL上述磷酸盐标准溶液系列;各加入2.0mL硫酸-钼酸铵-酒石酸氧锑钾混合溶液[硫酸(质量分数17%):钼酸铵(质量浓度30.0g/L):酒石酸氧锑钾(质量浓度1.4g/L)体积比为100:40:20]和0.5mL质量浓度54.0g/L的抗坏血酸溶液,混匀。

(3)显色10min后,在分光光度计上用10cm比色池,以蒸馏水作为参比溶液,于882nm波长处测量吸光值(A_s),其中空白吸光值为(A_b)。

(4)将测得的数据记录于标准工作曲线记录表中。以扣除空白吸光值后的吸光值为纵坐标,相应的活性磷酸盐-磷浓度(c)为横坐标,绘制标准工作曲线,用线性回归法求得标准工作曲线截距(a)和斜率(b)。

2)水样测定

量取25.0mL水样置于50mL反应瓶中(每份水样取双样测定),以下按上述"1)标准工作曲线绘制"中的(2)和(3)步骤测定水样吸光值(A_w),将测得的数据记录于活性磷酸盐测定记录表中。

3. 计算

按下式计算水样中活性磷酸盐-磷的浓度:

$$c(PO_4^{3-}-P)=\frac{(\overline{A}_w-A_b)-a}{b} \qquad (4-10)$$

式中,$c(PO_4^{3-}-P)$为水样中活性磷酸盐-磷的浓度,μmol/L;$\overline{A}_w$为水样测得的平均吸光值;A_b为空白吸光值;a为标准工作曲线截距;b为标准工作曲线斜率。

三、亚硝酸盐测定

1. 方法原理

在酸性(pH=2)条件下,水样中的亚硝酸盐与对氨基苯磺酰胺进行重氮化反应,反应产物与1-萘替乙二胺二盐酸盐作用,生成深红色偶氮染料,于543nm波长处进行分光光度测定。

2. 测定步骤

1) 标准工作曲线绘制(0~4.00μmol/L)

(1) 在两组各6个100mL容量瓶中依次分别加入0mL、0.50mL、1.00mL、2.00mL、4.00mL、8.00mL的亚硝酸盐标准使用溶液[$c(NO_2^- - N)=0.050\mu mol/L$],用水稀释至标线,混匀。此标准溶液系列的亚硝酸盐-氮的摩尔浓度依次为0μmol/L、0.25μmol/L、0.50μmol/L、1.00μmol/L、2.00μmol/L、4.00μmol/L。

(2) 分别量取25.0mL上述系列标准溶液,依次放入两组各6个50mL反应瓶中;各加入0.5mL质量浓度10g/L对氨基苯磺酰胺溶液后混匀,放置5min;然后加入0.5mL质量浓度1.0g/L的1-萘替乙二胺二盐酸盐溶液,混匀,放置15min。

(3) 在分光光度计上,用5cm比色池以蒸馏水为参比溶液,于543nm波长处测量吸光值(A_s),其中空白吸光值为A_b。吸光值测定应在4h内完成。

(4) 将测定数据记录于标准曲线数据记录表中。以扣除空白吸光值后的吸光值为纵坐标,相应的亚硝酸盐-氮浓度(c)为横坐标,绘制标准工作曲线,用线性回归法求得标准工作曲线的截距(a)和斜率(b)。

2) 水样测定

量取25.0mL水样置于50mL反应瓶中(每份水样取双样测定),以下按上述"1)标准工作曲线绘制"中的(2)和(3)步骤测定水样吸光值(A_w),将测定数据记录于亚硝酸盐测定记录中。

3. 计算

按下式计算水样中亚硝酸盐-氮的浓度:

$$c(NO_2^- - N) = \frac{(\overline{A}_w - A_b) - a}{b} \quad (4-11)$$

式中,$c(NO_2^- - N)$为水样中亚硝酸盐-氮的浓度,μmol/L;$\overline{A}_w$为水样测得的平均吸光值;A_b为空白吸光值;a为标准工作曲线截距;b为标准工作曲线斜率。

四、硝酸盐测定

1. 方法原理

用镀镉的锌片将水样中的硝酸盐定量地还原为亚硝酸盐,水样中的总亚硝酸盐再用重氮-偶氮法测定,然后对原有的亚硝酸盐进行校正,计算硝酸盐含量。

2. 测定方法

1) 标准曲线绘制

(1)在两组各 6 个 25mL 容量瓶中,分别依次移入 0mL、0.50mL、1.00mL、1.50mL、2.50mL、4.00mL 的硝酸盐标准使用溶液[$c(NO_3^- - N)=0.100\mu mol/L$],用盐度 35‰ 的人工海水稀释至标线,混匀。此标准溶液系列硝酸盐-氮摩尔浓度依次为 $0\mu mol/L$、$2.00\mu mol/L$、$4.00\mu mol/L$、$6.00\mu mol/L$、$10.00\mu mol/L$、$16.00\mu mol/L$。

(2)将上述标准溶液系列分别全量转移到一组干燥的 30mL 具塞广口瓶中,向每个瓶中放入一个锌卷,加入 0.50mL 质量浓度 20.0g/L 的氯化镉,迅速放在振荡器上振荡 10min。振荡后迅速将瓶中的锌卷取出。

(3)加入 0.50mL 质量浓度 10g/L 氨基苯磺酰胺溶液,混匀,放置 5min;再加入 0.50mL 质量浓度 1.0g/L 的 1-萘替乙二胺二盐酸盐溶液,混匀,放置 15min,颜色可稳定 4h。

(4)颜色稳定后,在分光光度计上,用 2cm 比色池以水为参比溶液,于 543nm 波长处测定吸光值(A_s),其中空白吸光值为(A_b)。

(5)将测定结果记录于标准工作曲线记录表中。以扣除空白吸光值后的吸光值为纵坐标,硝酸盐-氮的浓度(c)为横坐标绘制标准工作曲线,并用线性回归法求出标准工作曲线的截距(a)和斜率(b)。

2)水样测定

量取 25.0mL 水样置于干燥的 30mL 具塞广口瓶中(每份水样取双样测定),以下按上述"1)标准曲线绘制"中的(2)~(4)步骤测定水样的吸光值(A_w),并记录于硝酸盐测定记录表中。

如果水样盐度低于 25‰,测定时每份水样应加入 0.5g 优级纯氯化钠。

将海水样品中原有亚硝酸盐在"亚硝酸盐测定"测得的净平均吸光值 $\overline{A}_{NO_2^- -N}$,以及"硝酸盐测定"与"亚硝酸盐测定"的比色池长度的比值(X),记录于硝酸盐测定记录表中。

3.计算

水样中硝酸盐-氮浓度按下式计算:

$$c(NO_3^- - N) = \frac{(\overline{A}_w - A_b) - X \cdot \overline{A}_{NO_2^- -N} - a}{b} \quad (4-12)$$

式中,$c(NO_3^- - N)$ 为水样中硝酸盐-氮浓度,$\mu mol/L$;$\overline{A}_w$ 为水样测得的平均吸光值;A_b 为空白吸光值;$\overline{A}_{NO_2^- -N}$ 为该水样在"亚硝酸盐测定"时测得的平均吸光值(已扣除空白吸光值);X 为"硝酸盐测定"和"亚硝酸测定"所用比色池的长度比;a 为标准工作曲线截距;b 为标准工作曲线斜率。

五、铵盐测定

1.方法原理

在碱性条件下,次溴酸钠将海水中的铵盐定量氧化为亚硝酸盐,用重氮-偶氮法测定生成亚硝酸盐和水样中原有的亚硝酸盐;然后对水样中原有的亚硝酸盐进行校正,计算铵氮的浓度。

2.测定步骤

1)标准工作曲线绘制(0～8.00μmol/L)

(1)在两组各 6 个 50mL 容量瓶中分别移入 0mL、0.50mL、1.00mL、2.50mL、5.00mL、8.00mL 标准使用溶液[$c(NH_4^+-N)=0.050\mu mol/L$],用无氨水稀释至标线,混匀。此标准溶液系列铵盐摩尔浓度依次为 0μmol/L、0.50μmol/L、1.00μmol/L、2.50μmol/L、5.00μmol/L、8.00μmol/L。将标准溶液系列分别移取 25.0mL 到 50mL 反应瓶中,加入 2.5mL 次溴酸纳氧化剂,混匀,放置 30min。次溴酸纳氧化剂溶液的配置方法为:吸取 1.0mL 溴酸钾-溴化钾溶液(溴酸钾质量浓度为 2.8g/L,溴化钾质量浓度为 20.0g/L)于棕色瓶中,加入 49.0mL 水,加入 3.0mL 体积分数 50%HCl 溶液,盖上盖子,混匀,于暗处静置 5min 后,加入 50mL 质量浓度为 400g/L 的氢氧化钠溶液,混匀。

(2)加入 2.5mL 质量浓度 2.0g/L 对氨基苯磺酰胺溶液,混匀,放置 5min;然后加入 0.5mL 质量浓度 1.0g/L 的 1-萘替乙二胺二盐酸溶液,充分混匀,放置 15min,颜色可稳定 4h。

(3)颜色稳定后,在分光光度计上,用 5cm 比色池以无氨蒸馏水为参比溶液,于 543nm 波长处测定吸光值(A_s),其中空白吸光值为 A_b。

(4)将测定结果记录于标准工作曲线数据记录表中。以扣除空白吸光值(A_b)后的吸光值为纵坐标,铵氮浓度(c)为横坐标绘制标准工作曲线,并用线性回归法求出标准工作曲线的截距(a)和斜率(b)。

2)水样测定

量取 25.0mL 水样置于 50mL 反应瓶中(每份水样取双样测定),以下按照上述"1)标准工作曲线绘制"中的(2)~(4)步骤测定水样的吸光值(A_w),将测定数据记录于铵盐测定记录表中。

将该水样在"亚硝酸盐测定"时,亚硝酸盐扣除试剂空白后的吸光值 $\overline{A}_{NO_2^--N}$,填入铵盐测定记录表中。

3.计算

水样中铵氮浓度按下式计算:

$$c(NH_4^+-N)=\frac{(\overline{A}_w-A_b)-k\cdot \overline{A}_{NO_2^--N}-a}{b} \quad (4-13)$$

式中,$c(NH_4^+-N)$ 为水样中铵氮的浓度,μmol/L;$\overline{A}_w$ 为水样测得的平均吸光值;A_b 为空白吸光值;$\overline{A}_{NO_2^--N}$ 为该水样在"亚硝酸盐测定"时测得的平均吸光值(已扣除空白吸光值);k 为"亚硝酸盐测定"和"铵盐测定"的试液体积(水样体积与试剂体积之和)比值;a 为标准工作曲线截距;b 为标准工作曲线斜率。

六、总有机碳(TOC 测定)

总有机碳(TOC)的测定方法中的氧化方式有燃烧氧化法和湿式氧化法,但这两种传统方法都具有测试方法复杂、测量时间长、速度慢等缺点,对大气环境会产生一定污染且仅能在实验室内完成。目前,测量 TOC 主要有以下几种方法。

1. 总有机碳分析仪

总有机碳分析仪(图 4-13)的测量原理是基于燃烧氧化-非分散红外吸收法。该法只需一次性转化,流程简单,重现性好,灵敏度高(董硕,2013)。

测量原理是将试样连同净化空气(干燥并除去二氧化碳)分别导入高温燃烧管(680℃)和无机碳反应室中,经高温燃烧管的水样被高温催化氧化,使有机化合物和无机碳酸盐均转化成为二氧化碳,经无机碳反应室的水样被酸化而使无机碳酸盐分解成二氧化碳,生成的二氧化碳依次引入非色散红外线检测器。在一定浓度范围内二氧化碳对红外线吸收的强度与二氧化碳的浓度成正比,故可对水样总碳(TC)和总无机碳(IC)进行定量测定。总碳与总无机碳的差值即为总有机碳。

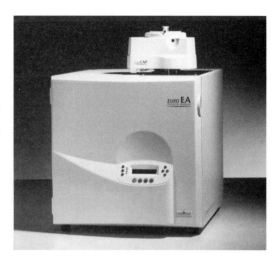

图 4-13 总有机碳分析仪

测量步骤:①开机,仪器进入正常工作状态;②清洗管路;③调用工作曲线,测量样品。

2. 总有机碳现场分析仪微光信号处理系统

这种方法可以实现海水总有机碳现场、实时、连续的测量。马然等(2013)提出了一种总有机碳现场分析仪微光处理系统(图 4-14),该方法通过臭氧氧化海水发光反应,并利用微光光电转换技术对反应过程中产生的光信号进行采集(马然等,2013)。

该方法的优点:①不需试剂,不产生二次污染,响应速度快,避免了水体高浓度离子对准确度的影响;②可在恶劣的海洋环境中长期工作,适合于船载及海洋台站等场合使用,能够对沿海、河口及近岸海域进行现场、实时、连续的测量。

该方法的不足:由于反应机理不同,无法达到纯化学方法的测量准确度。

3. 紫外吸收光谱法

针对紫外吸收光谱法测量总有机碳(毕卫红等,2020),燕山大学自主研发了一种光谱技术与集成电路相结合研制的总有机碳光学原位传感器,能够快速、不添加试剂、不产生二次污染地测量海水中总有机碳的浓度,且可以不受实验室环境的制约实现海水总有机碳的在线原位测量。设备包括:总有机碳光学原位传感器、传感器 GPRS 通信盒(保证传感器采集的数据能够实时有效地传至服务器)、笔记本电脑。

测量原理是利用海水紫外光谱与总有机碳含量存在的关系,应用光谱解析与模型动态校

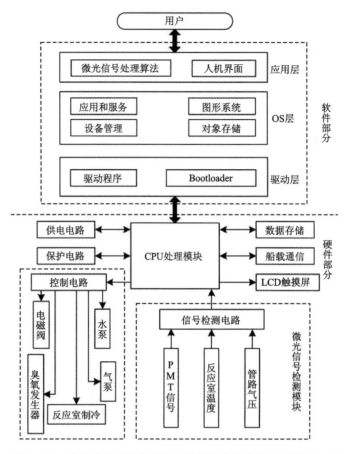

图 4-14　总有机碳现场分析仪微光信号处理系统(马然等,2013)

正技术,通过自主研发"波分控分联用、光谱并行探测、数据多维解析"的海水总有机碳光学原位传感器,运用紫外吸收光谱、集成电路等硬件模块和总有机碳浓度实时监测软件相结合的方法,对海水总有机碳进行原位测量。

采用紫外吸收光谱法测量总有机碳时,传感器最大的优点是不进行化学氧化。此方法耗能低,不添加试剂,不产生盐类结垢,测定速度快,不产生二次污染,而且能够脱离实验室的束缚等限制条件,能用于海水原位在线测量,回收率虽然不如燃烧法高,但比湿化学氧化法回收率高。

七、多参数水质分析测试仪

海洋环境多参数水质测量仪可以定点测量海水的温度、电导率、溶解氧、pH、浊度、氧化还原电位(ORP)。随着海洋事业日益发展,传统采样监测模式已不能满足海洋环境保护的需求,实时在线监测成为海洋环境监测的发展方向。近年来也有很多研究用多参数水质仪测量海水的其他参数,如余氯、总氯、氨氮、亚硝酸盐、磷酸盐等。与经典的化学分析、实验室仪器分析相比,在线分析具有分析速度快,操作简单,自动化程度高,节省试剂与人力,可进行连续监测等优点。目前市场上有很多种不同参数的水质仪,可以满足不同的需要,下面介绍其中一种水质仪的使用方法。

In-Situ Aqua TROLL 600 型水质仪-配有可自动清洁传感器(图 4-15),通过传感器即可测定溶解氧、电导率、pH、ORP、浊度、温度、铵离子、氯离子、硝酸根、叶绿素等。

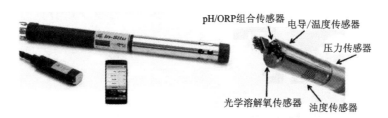

图 4-15　In-Situ Aqua TROLL 600 型水质仪

(1)按步骤将水质仪各部件安装完整,将水质仪与手机端软件 VuSitu 连接。

(2)水质仪校准:①彻底清洁冲洗主机和传感器后,调转限流器方向使之进入校准/存储模式,传感器方向朝上垂直握住仪器,使之激活,将校准液直接倒入限流器,直至没过传感器;②保持仪器传感器方向朝上的状态。使用 VuSitu 或 Win-Situ 5 软件进行校准;③完成每个点的校准后(包括 pH 校准点),倒掉校准液,卸下限流器并用去离子水或自来水彻底清洗所有部件,为了得到最佳结果,用水清洗后再用下一个点的校准液冲洗两次。

(3)将水质仪探头放入水中,将实时信息屏幕上的数据记录和存储在 VuSitu 应用数据区。

(4)冲洗探测仪,用温水和软性肥皂清洗,然后再冲洗探测仪,自然风干。

第五章　悬浮颗粒物分析

一、样品保存和处理

利用洁净的玻璃采水器采集海水样品,采集后立即用预先经过400℃高温下灼烧4h的、已称重的47mm GF/F滤膜过滤,经少量蒸馏水洗涤除去残留盐分后,将含有颗粒物的样品冷冻保存至实验室。在实验室内,将颗粒物样品在60℃下烘干,称重后根据质量差计算出样品中的悬浮颗粒物浓度(SPM)。

二、样品分析

悬浮颗粒物的分析方法可参照"第六章 沉积物分析"相关方法。

第六章　沉积物分析

沉积物分析参照《海洋调查规范第 8 部分:海洋地质地球物理调查》(GB/T 12763.8—2007),海洋沉积物现场描述、含水率、电导率(Eh)、pH 和粒度分析要求如下。

第一节　样品描述

一、样品现场描述一般要求

(1)样品从海底采至甲板,应立即进行现场描述。
(2)样品现场描述项目和内容应简单明了并表格化,描述记录一律用铅笔书写。
(3)取样和处理样品时,应注意层次、结构和代表性,所有样品应认真登记、标记,不得混乱。

二、样品现场描述内容

(1)颜色:观察样品表面颜色和剖面颜色的变化,进行记录,颜色名称中主导基调色在后,次要附加色及形容词在前。
(2)气味:样品采上后,立即鉴别有无硫化氢或其他气味及其强弱。
(3)厚度:测量取样管插入海底深度、实际取样长度以及分层厚度,记入表格。
(4)稠度和黏性:沉积物现场描述的稠度可分为 5 类(表 6-1),沉积物现场描述的黏性可分为 3 类(表 6-2)。

表 6-1　沉积物稠度分类

分类	特点
流动的	沉积物能流动
半流动的	沉积物能稍微流动
软的	不能流动,但性软,手指很易插入
致密的	手指用劲才能插入
略固结的	手指很难插入,用小刀能切割开者

(5)物质组成:①按粒级标准对沉积物粒级组成分选性进行现场粗略划分(表 6-3);②依

据沉积物颜色和粒级进行现场命名,名称术语为颜色在前,粒级名在后;对岩屑、砾石、结核、团块及生物组分进行特殊描述,现场要鉴别岩石名称、形状大小、颜色、磨圆度(尖棱角状、次棱角状、磨圆状)、胶结附着物质成分,以及生物种类、数量等。

表 6-2　沉积物黏性分类

分类	特点
强黏性	极易黏手,强塑
弱黏性	微黏手,可塑
无黏性	不黏手,不可塑

表 6-3　沉积物物质组成

分选优	单一优势粒级体积分数达 75% 以上
分选良	单一优势粒级体积分数达 50%～75%
分选差	单一优势粒级体积分数达 25%～50%
分选极差	单一优势粒级体积分数小于 25%

(6)沉积物的结构构造:沉积物结构构造描述内容包括沉积物颗粒排列胶结组合特征,分层、层间变化和层理特征,生物活动痕迹和扰动状况等。

(7)其他:典型和有特殊意义的地质现象应进行素描、照相、揭片或 X 光拍片等。

三、样品现场处理

1. 取样分析

样品现场处理中取样分析要求如下。

(1)样品现场描述完毕应立即取样在船上进行 pH、Eh、Fe^{3+}/Fe^{2+}、相对密度、容重等物性测定。

(2)粒度分析、矿物鉴定、物理力学性质测定、古生物鉴定、化学分析、古地磁测定、测年、有机物分析等在实验室进行。

(3)柱状样分样时,岩性变化处应取样,岩性变化不大时取样间距根据研究需要确定,一般情况下不得大于 50cm。

(4)拖网样品按岩性或生物种类分别取样,送实验室进行岩矿或生物鉴定。

2. 样品登记和保存

样品登记和保存要求如下。

(1)取好样品的瓶(袋)要贴标签,并将样品瓶号及样品箱号记入现场描述记录表内,在柱状样品的取样位置上放入标签,其编号与瓶(袋)号一致。

(2)取好的样品要密封。

第二节 含水率、pH 和 Eh

一、含水率

(一)主要仪器和设备

(1)带盖聚四氟乙烯盒:直径 4cm,高 2cm。
(2)分样刀:有机玻璃分样刀。
(3)分析天平:感量 0.001g。
(4)恒温烘箱:有排气设备。

(二)分析方法

1. 适用范围和应用领域

本方法适用于潮间带、河口及海洋沉积物中含水率的测定。

考虑到船上现场称量的准确度难以保证,因此将现场采集的沉积物湿样密封冷冻保存,送回实验室后再测定含水率。风干样与湿样的含水率测定步骤相同。此含水率在指定称取风干样或湿样的各测项换算成干样质量时使用。

2. 方法原理

将已知质量的沉积物湿样(或风干样),于(105 ± 1)℃烘至恒重,用两次质量的差值计算样品的含水率。

3. 分析步骤

将聚四氟乙烯盒微启盒盖放在(105 ± 1)℃烘箱内,干燥 40min。取出冷至 40~50℃,在盛有变色硅胶的干燥器中放置 30min,称重。按以上步骤操作,称至恒重。

(1)将放有沉积物湿样的磨口瓶塞打开,快速地用有机玻璃分样刀取出约 20g 湿样。放入 100mL 干燥的烧杯中,搅匀。立即小心地分装于两个聚四氟乙烯盒内(如为风干样则按以下步骤操作),每盒装入约 5g 样品(注意勿将样品沾在盒口处)。盖上盒盖,分别称重。

(2)半开盒盖,放在(105 ± 1)℃烘箱内干燥 6~8h(每干燥 2h 后开启排气扇 20min,排除掉烘箱内的水分,风干样只需烘干 2h)。取出后冷至 40~50℃,盖好盒盖,在盛有变色硅胶的干燥器中放置 30min,称重。半开盒盖放入烘箱中,于(105 ± 1)℃干燥 2h(风干样干燥半小时),取出后冷至 40~50℃,盖好盒盖,在上述干燥器中放置 30min,称重,直至恒重(所谓恒重,是指两次干燥后重量的差值小于 0.005g)。

(3)进行记录与计算。将称重的数据记入表中,按下式计算海洋沉积物的含水率:

$$W_{H_2O} = \frac{m_2 - m_3}{m_2 - m_1} \times 100\% \tag{6-1}$$

式中，W_{H_2O} 为海洋沉积物的含水率，‰；m_1 为盒重，g；m_2 为盒与湿样或风干样的质量，g；m_3 为盒与干样的质量，g。

4. 注意事项

(1)每个样品做两次测定，含水率的差值不得大于1％。

(2)取样时，应注意代表性，明显的生物残骸及砾石等不能混入。

(3)每次称量准确至0.001g。

二、pH

1. 主要仪器和设备

主要仪器和设备为：准确度为0.01的pH计(图4-8)或离子计(图6-1)，以及玻璃电极和配套的饱和甘汞电极。

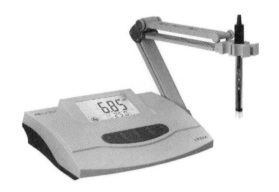

图6-1 离子计

2. 分析方法

(1)按规定对仪器进行预热、温度补偿调节、零点调节及定位。

(2)称取有代表性的新鲜湿样约20g，放于50mL烧杯中，加入20mL蒸馏水，剔除硬物，搅成糊状，30min内进行测定。

(3)洗净电极，用滤纸吸去水分，插入搅匀后的样品(玻璃电极的球泡部应全部浸入样品中，并稍高于甘汞电极的陶瓷芯端)，放置平衡后(一般30s)读数，应重复测量至前后两次读数一致，误差不超过0.01~0.02。

三、Eh

(一)主要仪器和设备

(1)主要仪器：使用仪器为电导率仪(图6-2)，其他仪器设备同pH测定。

(2)试剂：醌氢醌($C_{12}H_{10}O_4$)饱和缓冲溶液，pH为4.00或4.01。

图 6-2 电导率仪

(二)分析方法

1. 电极检查和校正

以洗净的铅电极为指示电极"+"极,饱和甘汞电极为参比电极"-"极,将电极浸入醌氢醌饱和缓冲溶液中,测量 Eh,测定值与理论值(25℃时为+221mV)之差超过 5mV,应更换铅电极。

2. 分析步骤

取新鲜湿样约 20g,将两对(电极间距不超过 1cm)铅电极-饱和甘汞电极,或用两支铅电极与一支饱和甘汞电极组合,同时插入样品中,待平衡后(一般 30min)读数,应重复测定,前后两次读数不超过 2~3mV,取平均值。

3. 计算和温度校正

从仪器上读得的电位值是于饱和甘汞电极的电位值,需按下式换算得沉积物的 Eh:

$$Eh = E_a + E_b \qquad (6-2)$$

式中,E_b 为仪器上测得的电位值,mV;E_a 为饱和甘汞电极电位,mV。

E_a 随温度变化,在 25℃时其值为 243mV,温度每增加 10℃,低 6~7mV,由于 Eh 的最小读数误差为 5mV,故若温度变化不显著时,可不进行校正。

第三节 粒度分析

一、技术要求

沉积物粒度分析的主要技术要求如下。
(1) 粒级标准采用尤登-温德华氏等比制 φ 值粒级标准。
(2) 筛析法粒级间隔为 0.5φ,必要时可加密;沉析法粒级间隔为 1φ。
(3) 沉积物粗端要筛分到初始粒级质量分数小于 1%(大砾石除外)。
(4) 采用福克和沃德粒度参数公式计算粒度参数。计算粒度参数的各粒级质量分数,在概率累积曲线上读取。

(5)沉积物分类和命名采用谢帕德的沉积物粒度三角图解法或福克-沃德分类命名法;深海沉积物分类和命名采用深海沉积物三角图解分类法。

二、分析方法

沉积物粒度分析通常使用筛析法加沉析法(吸管法),即综合法。筛析法适用于粒径大于0.063mm沉积物,沉析法适用于粒径小于0.063mm的物质。当粒径大于0.063mm的物质占比大于85%或粒径小于0.063mm的物质占99%以上时,可单独采用筛析法或沉析法。目前,对于粒径小于2mm的沉积物常用的是自动化粒度分析仪法。用自动化粒度分析仪(如激光粒度分析仪)分析沉积物粒度也称为激光法,应与综合法、筛析法、沉析法对比合格后方能使用(杨冰洁等,2015)。

1. 筛析法

(1)原样搅拌均匀,按四分法取样,取样质量按表6-4估算。

(2)分析样烘干后移入烘箱,于105℃恒温3h,再置于干燥器15~20min,然后在感量0.001g的天平上称量。

(3)将样品移入玻璃杯后加蒸馏水,加20mL摩尔浓度0.5mol/L的六偏磷酸钠($[NaPO_3]_6$),浸泡12h使样品充分分散。

(4)将分析样倒入孔径为0.063mm的小筛中,用蒸馏水反复冲洗,使粒径小于0.063mm的物质充分冲洗入量筒中,把粒径大于0.063mm的物质烘干称量后做筛析分析。

(5)用孔径间隔为0.5φ的筛子由粗到细振筛15min,将各粒级样品烘干后在感量0.0001g的天平上称量,求出各粒级的质量分数。

表6-4 粒度分析取样质量估算表

最大颗粒直径/mm	取样最小量/kg	最大颗粒直径/mm	取样最小量/kg
25	10	6	0.5
19	5	5	0.25
13	2.5	3	0.1
9	1	0.07	0.01

2. 沉析法

(1)将"1.筛析法"(4)项冲入量筒中粒径小于0.063mm的物质稀释至1000mL,在吸液前读取悬液温度。

(2)用搅拌器匀速搅拌1min(转速为60r/min),在最后1s内轻轻提出搅拌器,沉降时间由此起算。

(3)吸液前15s,将吸管轻轻置于悬液的特定深度,吸液时应在20s内匀速准确地吸取

25mL悬液。

(4)将吸取的悬液置于小烧杯烘干后称量,求出各级粒级质量分数。

3. 激光法

(1)取沉积物样品数克并置入玻璃杯中,加纯净水、5mL摩尔浓度0.5mol/L的六偏磷酸钠($[NaPO_3]_6$)。

(2)浸泡样品24h,并每隔8h轻轻搅拌1次,使样品充分分散。

(3)将浸泡样品全部倒入激光样品槽中,加超声振动,使样品再次充分分散。

(4)测定粒级体积分数。

(5)要求分析结果的重复误差小于3%。

(6)计算粒度参数。

4. 粒度分析误差检验

沉积物粒度分析误差检验指标见表6-5。

表6-5 粒度分析允许误差范围

分析方法	内敛分数/%	校正系数	平均粒径	分选系数
综合法	20~30	0.95~1.05	0.40φ	0.3φ
筛析法	10~20	0.99~1.01	0.1φ	0.1φ
沉析法	20~30	0.95~1.05	0.4φ	0.3φ
激光法	5~10	0.99~1.01	0.15φ	0.1φ

检查结果有个别样品不符合表6-5中指标时,该样品应重做。每批分析样中,有2/3的分析样与内检数相比后结果偏高或偏低时,应整批重做。

三、资料整理

1. 粒级标准

可采用尤登-温德华氏等比制φ值粒级标准。粒径与中值的互换关系参考《海洋调查规范 第8部分:海洋地质地球物理调查》(GB/T 12763.8—2007)附录中"φ值-毫米换算表"(附录)。

2. 沉积物粒度分类及命名

沉积物分类和命名一般应采用谢帕德的沉积物粒度三角图解法,也可采用福克-沃克分类命名法。对样品中少量的未参与粒度分析的砾石、贝壳、珊瑚、结核、团块等,用文字加以说明,或在编制沉积物类型图时用相应的符号加以标记。

深海区沉积物分类和命名可采用三角图解分类法。深海沉积物三角图解分类法将深海沉积物分为26种。

第四节 黏土矿物分离与成分鉴定

一、样品制备

(一)样品分离提纯

(1)称取沉积物样50~100g,加蒸馏水洗涤搅拌成1000mL的悬浮液,按斯托克斯沉降定律,用吸管吸取所需粒级,重复多次,至获得5~7g干黏土止。

(2)X射线衍射、差热、电镜等分析样品在50℃恒温水浴锅上蒸干,红外吸收光谱及化学元素分析样品应在150℃以下烘箱内烘干。

(二)样品处理和制片

1. X射线衍射分析样的处理和制片

一批分析样品进行X射线衍射分析时,需处理制成3种不同的定向片。

(1)每个样品各取35~40mg,去铁,去有机质,用镁-甘油饱和处理或乙醇饱和处理,制成定向片。

(2)选择分析样品数的10%,各取35~40mg,去铁,去有机质,制成自然定向片。

(3)再选分析样品数的10%,各取35~40mg,去铁,去有机质,用摩尔浓度6mol/L盐酸溶液浸泡;加热至80℃,恒温30min,制成定向片。

定向片载片为3.3cm×4.3cm玻璃片或素瓷片,制成晾干,置于存有硝酸钙的干燥器中,24h后测试。

2. 红外吸收光谱分析样的处理和制片

称取1~1.5mg干黏土与200mg溴化钾(KBr)混合研磨后压制成片,立即上机测试。

二、样品鉴定

(一)定性分析

(1)以X射线衍射分析为主,适当抽样进行差热或红外吸收光谱、电镜、能谱等分析,提高定性分析的准确度。

(2)同一批样品应在同一条件下测试。

(3)分析获得的扫描图谱与有关资料比对,确定出黏土矿物族种名称,同时定出非黏土矿物组分。

(二)半定量分析

(1)确定"权因子":蒙脱石取4,伊利石取1,绿泥石取1.75,高岭石取1,绿泥石+高岭石取2.5,蒙脱石-伊利石混层矿物取2.5,伊利石-绿泥石混层矿物取1.75,混层黏土矿物取其组分权因子的平均值。

(2) 以镁-甘油处理的 X 射线衍射扫描图谱为准,量取各黏土矿物峰高强度值(峰顶至背景线的距离),权因子的倒数乘以峰高强度值,该数值与加权峰高强度值之和的百分比对应该矿物的质量分数。

(3) 样品中黏土矿物加权峰高之和的计算公式为:

$$w = \frac{1}{4}h_m + h_i + \frac{1}{2.5}h_{(c+k)} + \frac{1}{2.5}h_{(m+i)} + \frac{1}{2.5}h_{(c+i)} + \cdots \quad (6-3)$$

式中,w 为样品中数种黏土矿物加权峰高之和,cm;h_m 为样品中数种黏土矿物加权峰高之和,cm;h_i 为样品中数种黏土矿物加权峰高之和,cm;$h_{(c+k)}$ 为绿泥石+高岭石的复合峰高,cm;$h_{(c+i)}$ 为绿泥石-伊利石混层黏土峰高,cm;$h_{(m+i)}$ 为蒙脱石-伊利石混层黏土峰高,cm。

式(6-3)右边各项与 w 的百分比代表相应矿物的质量分数。

(4) 计算绿泥石与高岭石的质量分数须先用 15s 慢扫描得绿泥石、高岭石的峰高值,用下式计算质量分数:

$$H_{(c+k)} = h_k + \frac{1}{1.75}h_c \quad (6-4)$$

式中,$H_{(c+k)}$ 为绿泥石与高岭石加权峰高之和,cm;h_k 为高岭石峰高,cm;h_c 为绿泥石峰高,cm。

$$w_k = \frac{h_k}{H_{(c+k)}} \times w_{(c+k)} \quad (6-5)$$

式中,w_k 为高岭石质量分数,%;h_k 为高岭石峰高,cm;$H_{(c+k)}$ 为绿泥石与高岭石加权峰高之和,cm;$w_{(c+k)}$ 为式(6-3)求出的绿泥石与高岭石质量分数之和,%。

$$w_c = w_{(c+k)} - w_k \quad (6-6)$$

式中,w_c 为绿泥石质量分数,%;$w_{(c+k)}$ 为式(6-3)求出的绿泥石与高岭石质量分数之和,%;w_k 为高岭石质量分数,%。

三、资料整理

(1) 将各分析图谱等原始资料装订成册。

(2) 填写黏土矿物分析报表。

(3) 根据要求绘制分析站位图、单矿物质量分数分布图、黏土矿物质量分数组合直方图、黏土矿物组合分区图,黏土矿物柱状分布图。

(4) 编写黏土矿物鉴定分析报告。

第五节 锆石挑选和年代分析

碎屑锆石指的是原来已存在的锆石,经过破碎、搬运后,寄存于沉积岩内的锆石,碎屑锆石可以是岩浆成因的,也可以是变质成因的。在众多碎屑矿物中,锆石由于自身抗风化能力强,广泛分布于各种沉积环境(如河流、湖泊和三角洲等)的陆源碎屑沉积物中。另外,由于锆石本身 U 和 Th 元素初始浓度较高,且 Pb 元素的初始浓度很低,可以获得准确可靠的 U-Pb

同位素年龄。因此,碎屑锆石在沉积物物源研究中承担着非常重要的角色。

一、碎屑锆石挑选制靶

采取合理的实验样品是进行成功实验的前提,应根据项目需求以及实际的采样对象进行合理的样品采取。一般采取样品要求为:①采取新鲜的样品;②对锆石含量较高的沉积岩取3～10kg,火山岩取10～15kg,中基性—超基性岩取20～25kg;③尽可能采集多个样品。

沉积岩样品被粉碎后经重液分选和电磁分选出碎屑锆石。每个样品需挑出至少1000颗锆石,并从中随机选出300颗制靶。用环氧树脂将从沉积岩样品中分离出来的碎屑锆石与标准锆石一起粘贴,制成环氧树脂样品靶,磨至锆石颗粒中心部位后抛光,拍摄反射光、透射光和阴极发光图像。根据图像反映的锆石晶体特点,测定时选取合适的颗粒来确定测定部位。

锆石单矿物的挑选一般需0.5～2g,纯度大于98%。制靶的锆石应为随机取样,尽量避免人为选择。制靶时一般常见的为大靶和小靶,可根据实际需要选取,一般排列200粒锆石,靶的直径大小有一定差别,常见小靶直径为1.6cm,大靶直径为2.54cm(图6-3)。

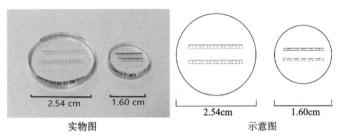

图6-3 锆石靶实物图及示意图

对于锆石靶中锆石之间的间距及排列顺序,应保持锆石之间处于合适的距离,既要相互独立又要井然有序。此外,在锆石选点时还要注意锆石本身是否具备进行测试所需的条件,主要通过内部结构分析和表面分析两个方面进行综合考虑。

1. 锆石内部结构分析方法

锆石内部结构分析方法主要包括HF酸蚀刻法、背散射电子图像(BSE)、阴极发光电子图像(CL),一般情况下常用阴极发光电子图像(图6-4)。阴极发光电子图像主要是基于锆石中微量元素和晶体缺陷差异的原理成像,兼具快速、无损、内部结构显示清晰和效果较佳的优点,而HF酸蚀刻法对锆石具不可恢复性的损伤。BSE具有表面特征清晰、照相速度快等优点,而观察锆石内部结构主要是看其内部环带是否清晰、有无继承核影响,该技术在锆石内部结构显现方面效果较差。

2. 表面分析法

表面分析法主要是通过透反射光学显微系统进行观察,掌握各个锆石的清晰透彻程度、裂隙、包裹体等情况。在锆石选点时应该注意尽量避免选在这些有麻点、云雾状、发育裂隙、有包裹体的位置上。

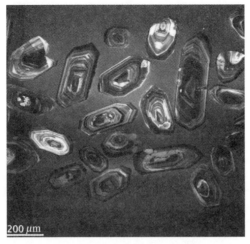

图 6-4 锆石靶中锆石排列图(阴极发光照片)

只有同时满足阴极发光图像显示环带清晰、没有继承核影响、透射光照片中锆石晶体清澈透亮、没有包裹体图像,并且透射光照片中锆石晶体清澈透亮,没有包裹体、微裂隙、烟雾混沌的锆石,才是 U-Pb 定年的备选锆石。

二、上机实验与数据分析

1. 上机实验

制靶后,再经过仔细的清洗晾干,即可上机测试。上机过程中,应该注意以下几个方面。

(1) 在实验时对于光斑的选取甚是重要,光斑常见有 $24\mu m$、$32\mu m$、$48\mu m$,甚至更小些。这主要与仪器的灵敏度及锆石的大小相关,在实验测试之前选点时应先综合考虑。

(2) 在进行打点时,应使锆石与数据一一对应,避免张冠李戴,给后期数据处理分析带来的麻烦。

(3) 在进行打点时应尽量聚焦、准确选择,使实际打点与预期选点位置一致。

(4) 碎屑锆石的测试数量要合理评估。

对于碎屑锆石测试数量的评估往往是基于统计学计算。例如假设沉积物中的碎屑锆石由多个年龄组分(m)混合而成,其中某一年龄组分无法被检测到,即检测失败的概率为 p。研究表明,测试锆石的数量越多,年龄组分检测失败的概率就越小。

在早期的研究中,Dodson 等(1988)认为大约测试 60 颗碎屑锆石就可以满足 $p \leqslant 5\%$,然而 Vermeesch(2013)经过重新计算指出 Dodson 等的计算存在错误,并且认为在构成年龄谱的年龄组分为 $m=20$ 的前提下,至少需要测试 117 颗锆石才能够满足 $p \leqslant 5\%$。因此,很多实验室在进行碎屑锆石分析时推荐的分析数量为 120 颗。

然而,在实际的碎屑锆石物源示踪研究中,特别是现代大河流域样品的年龄组分数量 m 很可能大于 20,这就需要更大的样品测试数量才能满足上述概率条件。而且对于某一年龄组分而言,仅仅检测到 1 颗锆石也缺乏说服力,往往需要 4~6 颗作为该年龄组分存在的证据。因此,很多实验室(如 Arizona Laserchron 年代学中心)对于碎屑锆石开始采用大于 300 颗的测试。近期随着测试技术的进一步提升,使得在短时间内快速完成大样品数量的测试成为可能,很多研究也开始致力于大数量(large-n)的碎屑锆石数据分析,并且获得了重要的研究成果。

2. 数据处理

对于上机后所得的原始测试数据,需要经过数据处理。以中国地质大学(武汉)地质过程与矿产资源国家重点实验室(GPMR)为例,现阶段锆石 U-Pb 同位素定年利用 LA-ICP-MS 完成分析,数据处理采用软件 ICPMSDataCal 完成(图 6-5)。

图 6-5 锆石 U-Pb 同位素定年数据处理软件 ICPMSDataCal 截图

采用 ICPMSDataCal 进行数据处理,一般需要以下步骤。

(1)分析序列命名:应首先将分析序列以"文件头_List. xls"命名(如 JUN12C_List. xls),保存在数据文件所在文件夹,或者将已有的设置文件"文件头_Setting. xls"拷贝至数据文件所在文件夹。文件头只能是数字或字母,不能出现"-"或"_"等符号,且不能为"nnnnEnn"(如 1219E01 或者 1219e01)的形式。

(2)LA-ICP-MS 瞬时信号选择:U-Pb 年代学数据处理包括年龄值、瞬时信号和谐和图窗口、信号设置对话框,需要根据实验者的需求以及实验要求,对各窗口进行参数设置、积分时间选择、分析信号异常处理、普通 Pb 校正、标样矫正等操作来完成数据处理,具体详细操作步骤参考《LA-ICP-MS/LA-MC-ICP-MS 数据处理软件 ICPMSDataCal 使用手册》(图 6-6)。

(3)保存输出数据:当数据处理结束后,对处理后的数据进行保存输出,备用。

(4)数据计算:本软件输出的 U-Pb 年龄结果报告中,对利用 Isoplot 作 U-Pb 年龄谐和图时所需要输入的误差相关系数已经进行了计算,具体步骤见使用手册。

三、年龄分析

1. 基本原理

锆石 U-Pb 同位素定年法的基本原理为利用放射性的 ^{238}U 和 ^{235}U 通过一系列的衰变产

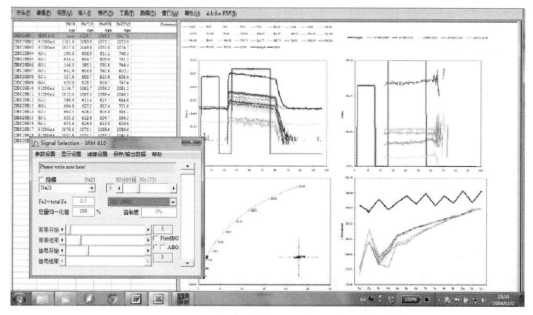

图 6-6　U-Pb 年代学数据 ICPMSDataCal 处理窗口

生 ^{206}Pb 和 ^{207}Pb，从而引起 Pb 同位素异常来计算样品的地质年龄。^{238}U 和 ^{235}U 都为地球的长半衰期元素，^{238}U 的丰度占 U 元素的 99.276%，半衰期为 4.47×10^9 a，而 ^{235}U 的丰度为 0.72%，半衰期为 7.03×10^8 a，其一般的衰变方程为：

$$^{206}\text{Pb}_m = {}^{206}\text{Pb}_i + {}^{238}\text{U}(e^{\lambda_{238}t}-1) \quad (6-7)$$

$$^{207}\text{Pb}_m = {}^{207}\text{Pb}_i + {}^{235}\text{U}(e^{\lambda_{235}t}-1) \quad (6-8)$$

式(6-7)和式(6-8)中 $^{206}\text{Pb}_m$ 和 $^{207}\text{Pb}_m$ 分别代表矿物或岩石现今的 Pb 同位素含量，^{238}U 和 ^{235}U 为矿物或岩石中现今的 U 同位素含量，而 $^{206}\text{Pb}_i$ 和 $^{207}\text{Pb}_i$ 分别代表矿物或者岩石形成时最初具有的 ^{206}Pb 和 ^{207}Pb 的含量，λ_{238} 和 λ_{235} 分别对应于 ^{238}U 和 ^{235}U 的衰变常数，t 是矿物或者岩石形成后的年龄。因为 ^{204}Pb 不是放射成因的，样品中的含量与初始值一致，因此方程两边除以非放射成因的稳定同位素 ^{204}Pb，上述两公式可以改写为：

$$(^{206}\text{Pb}/^{204}\text{Pb})_m = (^{206}\text{Pb}/^{204}\text{Pb})_i + {}^{238}\text{U}/^{204}\text{Pb}(e^{\lambda_{238}t}-1) \quad (6-9)$$

$$(^{207}\text{Pb}/^{204}\text{Pb})_m = (^{207}\text{Pb}/^{204}\text{Pb})_i + {}^{235}\text{U}/^{204}\text{Pb}(e^{\lambda_{235}t}-1) \quad (6-10)$$

从式(6-9)和式(6-10)可知，一个样品可以同时获得两个不同的年龄方程，据此可以进行结果可靠性的内部检验。然而在大多数情况下，这两种年龄是不一致的，原因通常在于普通铅扣除不当，或者体系没有保持封闭。这时就需要进一步通过 U-Pb 谐和曲线图来计算样品的形成年龄。在激光原位锆石 U-Pb 同位素定年中应用最为广泛的是 Tera-Wasserburg 谐和曲线，其横坐标为 ^{238}U/^{206}Pb，纵坐标为 ^{207}Pb/^{206}Pb。该方法通过拟合出不谐和线(discordia)和 TW 谐和曲线(concordia)的下交点位置确定样品的年龄（即下交点年龄），不需要对 ^{238}U/^{206}Pb、^{207}Pb/^{206}Pb 值完成普通铅扣除，谐和曲线上交点数值为 ^{207}Pb/^{206}Pb 初始值。

2. 方法运用

一般认为锆石中没有初始 Pb 或其含量可以忽略，即 $\text{Pb}_i = 0$，且 $\text{Pb}_m = \text{Pb}_{测定值} = \text{Pb}^*$（放

射成因生成的 Pb)。所以,根据式(6-7)式(6-8):

$$^{206}Pb_m = {}^{206}Pb_i + {}^{238}U(e^{\lambda 238 t} - 1)$$

$$^{207}Pb_m = {}^{207}Pb_i + {}^{235}U(e^{\lambda 235 t} - 1)$$

可简化为:

$$^{206}Pb^* = {}^{238}U(e^{\lambda 238 t} - 1) \tag{6-11}$$

$$^{207}Pb^* = {}^{235}U(e^{\lambda 235 t} - 1) \tag{6-12}$$

即:

$$\frac{^{206}Pb^*}{^{238}U} = e^{\lambda 238 t} - 1 \tag{6-13}$$

$$\frac{^{207}Pb^*}{^{235}U} = e^{\lambda 235 t} - 1 \tag{6-14}$$

Pb^* 为锆石形成时进入其中的初始 Pb 在年龄计算中需要扣除,即测定矿物中 ^{204}Pb 的量,结合全岩 $^{206}Pb/^{204}Pb$、$^{207}Pb/^{204}Pb$ 值来估算进入锆石的初始 ^{206}Pb、^{207}Pb 的量,并从锆石测定的 ^{206}Pb、^{207}Pb 总量中扣除,从而获得放射成因铅($^{206}Pb^*$、$^{207}Pb^*$)。

测定该矿物的 U 含量、Pb 同位素组成与 Pb 含量,根据式(6-13)和式(6-14)可以求得两个年龄数据。如果这种矿物对 U、Pb 保持封闭,则这两个年龄数据一致,称为一致年龄。

方程可以看作一组以 t 为参数的参数方程,在 $^{207}Pb^*/^{235}U(x$ 轴$)-^{206}Pb^*/^{238}U(y$ 轴$)$ 坐标系中该参数方程组定义出一条曲线——concordia 曲线(一致曲线)(Wetherill,1956)。上述条件的矿物的一致年龄将位于该曲线上的某一点(图6-7)。

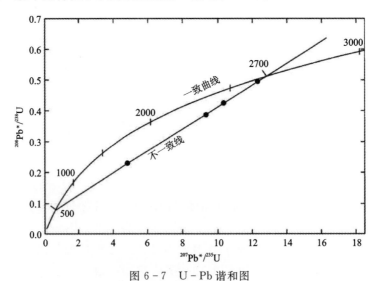

图 6-7 U-Pb 谐和图

注:显示了一致曲线和 Pb 丢失产生的不一致曲线。

四、资料整理

(1)将各处理数据等以及原始资料装订成册。

(2)填写锆石 U-Pb 同位素定年分析报表。

(3)根据要求绘制直方图、概率密度分布函数图、累积分布函数图、U-Pb年龄谐和图、同位素含量图等。

第六节 无机元素分析

一、分析前处理

无机元素分析一般包括硝酸盐(NO_3^-)、亚硝酸盐(NO_2^-)、NH_4^+、磷(P)、常量元素、微量元素、重金属和稀土元素分析。无机元素分析前处理的首要步骤是干燥,目前采用的干燥沉积物的方法主要有3种,包括自然风干法、恒温烘干法和冷冻干燥法(杨斌等,2020)。自然风干法是将样品置于阴凉处使得沉积物中的水分自然挥发;恒温烘干法是将样品置于恒温烘箱内达到烘干样品的目的,一般温度不超过60℃;冷冻干燥法则是将冷冻后的样品置于冷冻干燥机中,使得样品中水分升华。样品完全干燥后用研钵研磨成粉末置于自封袋中备用。营养元素氨氮、亚硝酸盐氮、硝酸盐氮的分析参照《土壤氨氮、亚硝酸盐氮、硝酸盐氮的测定:氯化钾溶液提取-分光光度法》(HB 634—2012)。

二、分析方法

(一)NO_3^-

1. 主要仪器和试剂

1)主要仪器
主要仪器包括:分光光度计(图6-8)、离心机、天平、聚乙烯瓶、具塞比色管。

图6-8 分光光度计

2)试剂
(1)1mol/L氯化钾溶液:称取74.55g氯化钾,用适量水溶解,移入1000mL容量瓶中,用水定容,混匀。

(2)1000mg/L硝酸钠标准储备液:称取6.068g硝酸钠,用适量水溶解,移入1000mL容量瓶中,用水定容,混匀。

(3)100mg/L硝酸钠标准使用液Ⅰ:量取10.0mL质量浓度1000mg/L硝酸钠标准储备液于100mL容量瓶中,用水定容,混匀,用时现配。

(4)10mg/L 硝酸钠标准使用液Ⅱ:量取 10.0mL 质量浓度 100mg/L 硝酸钠标准使用液Ⅰ于 100mL 容量瓶中,用水定容,混匀,用时现配。

(5)6mg/L 硝酸钠标准使用液Ⅲ:量取 6.0mL 质量浓度 10mg/L 硝酸钠标准使用液Ⅱ于 100mL 容量瓶中,用水定容,混匀,用时现配。

(6)100g/L 氯化铵缓冲溶液储备液:将 100g 氯化铵溶于 1000mL 容量瓶中,加入水约 800mL,用氨水溶液调节 pH 为 8.7~8.8,用水定容,混匀。

(7)10g/L 氯化铵缓冲溶液使用液:量取 100mL 质量浓度 100g/L 氯化铵缓冲溶液储备液于 1000mL 容量瓶中,用水定容,混匀。

(8)其他试剂:氨水溶液、磺胺溶液、盐酸萘乙二胺溶液。

2.分析方法

1)还原柱

用浓盐酸浸泡约 10g 镉粉 10min,然后用水冲洗至少 5 次;再用水浸泡约 10min,加入约 0.5g 硫酸铜,混合 1min,然后用水冲洗至少 10 次,直至黑色铜絮凝物消失;重复采用质量分数为 37%的浓盐酸,浸泡混合 1min,然后用水冲洗至少 5 次;处理好的镉粉用水浸泡,在 1h 内装柱。

向还原柱底端加入少许棉花,加水至漏斗 2/3 处,缓慢添加处理好的镉粉约 100mm,添加镉粉的同时应不断敲打柱子使其填实,最后在上端加入少许棉花。

还原柱使用前的处理:打开活塞,让氯化铵缓冲溶液全部流出还原柱。(必要时,用清水洗掉表面所形成的盐);再分别用 20mL 氯化铵缓冲溶液使用液、20mL 氯化铵缓冲溶液储备液和 20mL 氯化铵缓冲溶液使用液滤过还原柱,待用。

2)试料制备

取 40.0g 经冻干处理和研磨后的海洋沉积物样品放入 500mL 聚乙烯瓶中,加入 200mL 质量浓度 1mol/L 氯化钾溶液,放入超声仪中振荡 15min,转移约 60mL 提取液于 100mL 聚乙烯离心管中,在 3000r/min 的条件下离心分离 10min;然后将约 50mL 上清液移至 100mL 比色管中,制得试料,待测;加入 200mL 质量浓度 1mol/L 氯化钾溶液于 500mL 聚乙烯瓶中,按照与试料制备相同的步骤制备空白试料。

3)校准

分别量取 0mL、1.00mL、5.00mL 硝酸盐氮标准使用液Ⅱ和 1.00mL、3.00mL、6.00mL 硝酸盐氮标准使用液Ⅰ于一组 100mL 容量瓶中,加水稀释至标线,混匀,制备标准系列,亚硝酸盐氮含量分别为 0μg、10.0μg、50.0μg、100μg、300μg、600μg。

关闭还原柱活塞,分别量取 1.00mL 质量浓度 100g/L 上述标准系列于还原柱中。向还原柱中加入 10mL 质量浓度 10g/L 氯化铵缓冲溶液使用液,然后打开活塞,以 1mL/min 的流速通过还原柱,用 50mL 具塞比色管收集洗脱液。当液面达到顶部棉花时再加入 20mL 质量浓度 10g/L 氯化铵缓冲溶液使用液,收集所有流出液,移开比色管,最后用 10mL 质量浓度 10g/L 氯化铵缓冲溶液使用液清洗还原柱。

向上述每个比色管中加入 0.20mL 显色剂,充分混合,静置 60~90min,在室温下显色。

于543nm波长处,以水为参比溶液,测量吸光度。以扣除零浓度的校正吸光度为纵坐标,亚硝酸盐氮含量(μg)为横坐标,绘制标准曲线。

4)测定

量取1.00mL试料至25mL具塞比色管中,按照标准曲线比色步骤测量吸光度。当试料中亚硝酸盐氮和硝酸盐氮的总浓度超过标准曲线的最高点时,应用氯化钾溶液稀释试料,重新测定。

5)空白试验

量取1.00mL空白试料至25mL具塞比色管中,按照标准曲线比色步骤测量吸光度。

6)结果计算

样品中硝酸盐氮和亚硝酸盐氮总含量 ω 的计算公式为:

$$\omega = \frac{m_1 - m_2}{v} \cdot f \cdot R \tag{6-15}$$

式中,ω 为样品中氨氮的含量,mg/kg;m_1 为从标准曲线上查到的试料中氨氮的含量,μg;m_2 为从标准曲线上查询的空白试料中氨氮的含量,μg;v 为测定时试料的体积,mL;f 为试料的稀释倍数;R 为试样体积(包括提取液体积和样品中水份的体积)与干土的比例系数,mL/g。

样品中硝酸盐氮含量 $\omega_{硝酸盐氮}$(单位:mg/kg)的计算公式为:

$$\omega_{硝酸盐氮} = \omega_{硝酸盐氮与亚硝酸盐氮总量} - \omega_{亚硝酸盐氮} \tag{6-16}$$

(二)NO_2^-

1. 主要仪器和试剂

1)主要仪器

主要仪器包括:分光光度计、离心机、天平、聚乙烯瓶、具塞比色管。

2)试剂

(1)1mol/L氯化钾溶液:称取74.55g氯化钾,用适量水溶解,移入1000mL容量瓶中,用水定容,混匀。

(2)1000mg/L亚硝酸钠标准储备液:称取4.926g亚硝酸钠,用适量水溶解,加入0.30mL浓硫酸,冷却后,移入1000mL容量瓶中,用水定容,混匀。

(3)100mg/L亚硝酸钠标准使用液Ⅰ:量取10.0mL质量浓度1000mg/L亚硝酸钠标准储备液于100mL容量瓶中,用水定容,混匀,用时现配。

(4)10mg/L亚硝酸钠标准使用液Ⅱ:量取10.0mL质量浓度100mg/L亚硝酸钠标准使用液Ⅰ于100mL容量瓶中,用水定容,混匀,用时现配。

(5)其他试剂:磺胺溶液、盐酸萘乙二胺溶液。

2. 分析方法

1)试料制备

取40.0g经冻干处理和研磨后的海洋沉积物样品放入500mL聚乙烯瓶中,加入200mL

质量浓度1mol/L氯化钾溶液,放入超声仪中振荡15min,转移约60mL提取液于100mL聚乙烯离心管中,在3000r/min的条件下离心分离10min。然后将约50mL上清液移至100mL比色管中,制得试料,待测。加入200mL 1mol/L氯化钾溶液于500mL聚乙烯瓶中,按照与试料制备相同的步骤制备空白试料。

2)校准

分别量取0mL、1.00mL、5.00mL质量浓度10mg/L亚硝酸盐氮标准使用液Ⅱ以及1.00mL、3.00mL、6.00mL质量浓度100mg/L亚硝酸盐氮标准使用液Ⅰ于一组100mL容量瓶中,加水稀释至标线,混匀,制备标准系列,亚硝酸盐氮含量分别为0μg、10.0μg、50.0μg、100μg、300μg、600μg。

分别量取1.00mL上述标准系列于一组25mL具塞比色管中,加入20mL水,摇匀。向每个比色管中加入0.20mL显色剂,充分混合,静置60~90min,在室温下显色。于543nm波长处,以水为参比溶液,测量吸光度。以扣除零浓度的校正吸光度为纵坐标,亚硝酸盐氮含量(单位:μg)为横坐标,绘制标准曲线。

3)测定

量取1.00mL试料至25mL具塞比色管中,按照标准曲线比色步骤测量吸光度。当试料中亚硝酸盐氮浓度超过标准曲线的最高点时,应用氯化钾溶液稀释试料,重新测定。

4)空白试验

量取1.00mL空白试料至25mL具塞比色管中,按照标准曲线比色步骤测量吸光度。

5)结果计算

样品中亚硝酸盐氮含量ω(mg/kg)的计算同硝酸盐氮计算公式,即式(6-15)。

(三)NH_4^+

1.主要仪器和试剂

1)主要仪器

主要仪器包括:分光光度计、离心机、天平、聚乙烯瓶、具塞比色管。

2)试剂

(1)1mol/L氯化钾溶液:称取74.55g氯化钾,用适量水溶解,移入1000mL容量瓶中,用水定容,混匀。

(2)200mg/L氯化铵标准储备液:称取0.764g氯化铵,用适量水溶解,加入0.30mL浓硫酸,冷却后,移入1000mL容量瓶中,用水定容,混匀。

(3)10.0mg/L氯化铵标准使用液:量取5.0mL质量浓度1mol/L氯化铵标准储备液于100mL容量瓶中,用水定容,混匀,用时现配。

(4)其他试剂:苯酚溶液、二水硝普酸钠溶液、硝普酸钠-苯酚显色剂、二氯异氰尿酸钠显色剂。

2.分析方法

1)试料制备

取 40.0g 经冻干处理和研磨后的海洋沉积物样品放入 500mL 聚乙烯瓶中,加入 200mL 质量浓度 1mol/L 氯化钾溶液,放入超声仪中振荡 15min,转移约 60mL 提取液于 100mL 聚乙烯离心管中,在 3000r/min 的条件下离心分离 10min。然后将约 50mL 上清液移至 100mL 比色管中,制得试料,待测。加入 200mL 质量浓度 1mol/L 氯化钾溶液于 500mL 聚乙烯瓶中,按照与试料制备相同的步骤制备空白试料。

2) 校准

分别量取 0mL、0.10mL、0.20mL、0.50mL、1.00mL、2.00mL、3.50mL 质量浓度 1mol/L 氯化铵标准使用液于一组具塞比色管中,加水至 10.0mL 制备标准系列。氨氮含量分别为 0μg、1.0μg、2.0μg、5.0μg、10.0μg、20.0μg、35.0μg。

向标准系列中加入 40mL 硝普酸钠-苯酚显色剂,充分混合,静置 15min。然后分别加入 1.00mL 二氯异氰尿酸钠显色剂,充分混合,在 15～35℃条件下至少静置 5h。于 630nm 波长处,以水为参比溶液,测量吸光度。以扣除零浓度的校正吸光度为纵坐标,氨氮含量(单位:μg)为横坐标,绘制校准曲线。

3) 测定

量取 10.0mL 试料至 100mL 具塞比色管中,按照标准曲线比色步骤测量吸光度。当试料中氨氮浓度超过标准曲线的最高点时,应用氯化钾溶液稀释试料,重新测定。

4) 空白试验

量取 10.0mL 空白试料至 100mL 具塞比色管中,按照标准曲线比色步骤测量吸光度。

5) 结果计算

样品中的氨氮含量计算公式同硝酸盐氮计算公式,即式(6-15),但公式中试样体积按照以下公式计算:

$$R = \frac{[V_{ES} + m_s \cdot (1 - w_{dm})/d_{H_2O}]}{m_s \cdot w_{dm}} \quad (6-17)$$

式中,V_{ES} 为提取液的体积,200mL;m_s 为试样量,40.0g;d_{H_2O} 为水的密度,1.0g/mL;w_{dm} 为样品中干物质的含量,%。

(四) P

1. 主要仪器和试剂

海洋沉积物中 P 的分析参照《海洋调查规范第 8 部分:海洋地质地球物理调查》(GB/T 12763.8—2007)。

1) 主要仪器

主要仪器包括:分光光度计、铅坩埚或聚四氟乙烯坩埚。

2) 试剂

试剂包括:质量分数 40% 氢氟酸体积分数 50% 硫酸、质量浓度 5mol/L 硝酸(HNO_3)、活性炭粉、硝酸(煮沸除去游离氧化氮,使呈无色)、钒酸铵(NH_4VO_3)-钼酸铵[$(NH_4)_6Mo_7O_{24} \cdot 4H_2O$]显色剂、体积分数 10% 的硝酸-显色剂混合溶液(体积比为 3∶2)、以及 100μg/mL

和 $10\mu g/mL$ P_2O_5 标准溶液。

2.分析方法

1)分析溶液的制备

称取 0.2g 样品置于铂坩埚中,用少许蒸馏水湿润,加 1mL 体积分数 50%硫酸,5~6mL 质量分数 40%氢氟酸;中温加热分解,并摇动坩埚,待分解完全,冒白烟 10min 后取下冷却;用少量蒸馏水冲洗坩埚壁,再继续加热蒸发至白烟冒尽,取下坩埚;冷却后加 3mL 质量浓度 5mol/L 的硝酸,加热使盐类溶解(控制体积不小于 1.5mL),加水至大半坩埚,继续加热至白色盐类完全溶解,溶液呈黄色时,将坩埚取下;趁热加少量活性炭脱色(当有机物和硫化物含量较高时,应在称样后置于高温炉 600~700℃灼烧,然后再进行酸溶分解),待溶液冷却后,移入 50mL 容量瓶中定容,用密滤纸干过滤。

2)标准曲线的绘制

分别吸取 0mL、10mL、20mL、30mL、40mL、50mL…,用 $100\mu g/mL$ P_2O_5 标准溶液于 50mL 容量瓶中,加浓硝酸 2mL,用蒸馏水稀释至 30mL 左右,加 10mL 显色剂,摇匀,定容,20min 后(室温低于 10℃时 40min 后化色)于 450nm 波长处,用 2cm 比色池放入分光光度计中测量。

3)样品测定

移取 5mL 分析液置于 25mL 干烧杯中,加 5mL 硝酸-显色剂混合液,充分搅匀,20min 后于 450nm 波长处,用 2cm 比色池比色。

4)计算公式

$$w(P_2O_5) = \frac{c \times 0.2 \times 10^{-6}}{m} \times 100 \qquad (6-18)$$

式中,$w(P_2O_5)$ 为样品中 P_2O_5 的质量分数,%;c 为标准曲线查得 P_2O_5 的质量分数,%;m 为分取质量,g;0.2×10^{-6} 为系数。

(五)常量元素

测量常量元素的方法为电感耦合等离子体发射光谱法(ICP‑AES),常用方法如下(李凤业,1985;孙友宝等,2014)。

1)主要仪器和试剂

主要仪器:电感耦合等离子体发射光谱仪(ICP‑AES,图 6‑9)。

实验器皿及试剂:实验所用硝酸(质量分数 68%)、氢氟酸(质量分数 40%)和盐酸(质量分数 38%)试剂均为优纯级,实验用水为超纯去离子水(电阻率为 $18.2M\Omega \cdot cm$)。实验所用玻璃器皿均用王水溶液(1+1)浸泡 24h 后,用去离子水冲洗,干燥备用。

图 6‑9 ICP‑ASE

2)样品前处理

将沉积物样品置于烘箱内50℃烘干后,转移至玛瑙研钵中碎样至粒径为75μm待用。将粉碎后的样品于105℃烘干3h后,冷却至室温,然后准确称取约50.00mg样品置于聚四氟乙烯内罐中,用去离子水润湿样品,加入1.50mL硝酸和1.50mL氢氯酸,摇匀,加盖及钢套密闭,放入烘箱中于195℃加热,并保持48h以上。冷却后取出内罐,置于电热板上蒸至湿盐状,再加入1mL硝酸蒸干(除去残余的HF)。最后再加入3mL王水溶液(1+1),加盖及钢套密闭,放入105℃的烘箱中保持24h,以保证对样品的完全提取。冷却后,将提取液转移至干净的PET(聚酯)容量瓶中,用去离子水稀释至25.00mL,待测。

3)仪器参数

仪器高频发生器功率:1.2kW。

高频频率:27.12MHz。

等离子气流速:10L/min。

辅助气流量:0.6L/min。

载气流量:0.7L/min。

矩管类型:Mini。

雾化器类型:同心。

观测方向:轴向和纵向自动切换(高低含量元素一次测定同时分析)。

4)标准曲线的绘制

使用硝酸(体积分数6%)配制Al、Ba、Ce、Co、Cu、K、Na、La、Mo、Ni、P、Pb、Sr、Ti、V、Y、Zn、Zr的不同质量浓度标准溶液于100mL容量瓶中,用各标准溶液绘制相应的工作曲线,各标准溶液的质量浓度梯度和各元素的检出限如表6-6和表6-7所示。

表6-6 标准溶液的质量浓度　　　　　　　　单位:mg/L

元素	标准曲线质量浓度					
	空白	1	2	3	4	5
Al	0		3.0	5.0	10	100
Cu	0		3.0	5.0	10	50
Co	0	1.0	3.0	5.0	30	
Pb	0	1.0	3.0	5.0		
Ni	0		5.0	10.0	20	50
Ba	0	0.5	1.0	5.0		
Sr	0	0.5	1.0	5.0		
K	0	1.0	3.0	5.0	20	
Ti	0		1.0	3.0	10	50

续表 6-6

元素	标准曲线质量浓度					
	空白	1	2	3	4	5
Na	0		1.0	3.0	10	50
P	0	1.0	3.0	5.0	20	
Ce	0	0.5	1.0	3.0		
Mo	0	0.5	1.0	3.0		
V	0	0.5	1.0	3.0		
Zn	0	0.5	1.0	3.0		
Zr	0	0.5	1.0	3.0		
La	0	0.5	1.0	3.0		
Y	0	0.5	1.0	3.0		

表 6-7 各元素的方法检出限　　　　　　　　　　　　单位:mg/L

元素	Al	Ba	Ce	Co	Cu	K	La	Mo	Zn
检出限	0.03	0.000 4	0.002	0.000 5	0.001	0.02	0.003	0.000 7	0.004
元素	Na	Ni	P	Pb	Sr	Ti	V	Y	Zr
检出限	0.05	0.004	0.03	0.004	0.000 1	0.01	0.000 3	0.001	0.001

(六)重金属

重金属测量方法有原子吸收法、原子荧光光谱法(AFS)、电感耦合等离子体发射光谱法(ICP‑AES)。AFS 是利用原子光谱中的单色光照射,因此一次只能分析一种元素,但是具有较低的检出限,且重现性很好(谢美灵,2013)。ICP‑AES 是利用原子发射光谱,检测原子光谱中的多条谱线,检出限也较低,重现性也较好,且可同时分析多种元素(苏荣等,2014)。ICP‑AES 分析方法与上一节中常量元素分析方法相同,下面主要介绍 AFS 法。

1. 主要仪器和试剂

1)试剂

王水溶液(1+1):将 3 体积的浓盐酸(优级纯)、4 体积的去离子水、1 体积浓硝酸(优级纯)依次倒入烧杯中混合,得到 8 体积的王水溶液(1+1)。

高锰酸钾溶液(体积分数 1%):称取 5g 高锰酸钾溶解于 500mL 去离子水中,置于棕色试剂瓶中保存。

草酸溶液(体积分数 1%):称取 10g 草酸溶解于 1000mL 去离子水中,置于棕色试剂瓶中保存。

盐酸溶液(1+1):将1体积浓盐酸(优级纯)倒入1体积去离子水混合而成。

体积分数5%硫脲-抗坏血酸混合溶液:称取5g硫脲微热溶解于50mL去离子水中,完全冷却后,加入5g抗坏血酸,混匀后稀释至100mL。此溶液现用现配。

载流溶液(体积分数5%盐酸):向1000mL容量瓶内加入500mL去离子水,再缓慢地加入50mL浓盐酸(优级纯),最后加水定容至刻度。

还原剂(体积分数0.5%氢氧化钠与体积分数2%硼氢化钾):称取5g氢氧化钠(优级纯)加水溶解后加入20g硼氢化钾(优级纯),再加去离子水稀释至1000mL。

汞标准溶液:质量浓度为1000μg/mL(国家标准物质中心),其中汞标准使用液质量浓度为0.5μg/L。

砷标准溶液:质量浓度为1000μg/mL(国家标准物质中心),其中砷标准使用液质量浓度为0.1μg/mL。

2)主要仪器

主要仪器包括:SK-2003Z型双道原子荧光光谱仪(表6-8、图6-10)和水浴锅。

表6-8 AFS仪器分析条件

分析参数	Hg	Se
负高压/V	280	280
等电流/mA	30	60
延迟时间/s	2	2
积分时间/s	12	12
原子化器高度/mm	8	8
原子化器温度/℃	200	200
载气流量/mL·min^{-1}	500	500
屏蔽气流量/mL·min^{-1}	1000	1000
样品注入量/mL	0.5	0.5

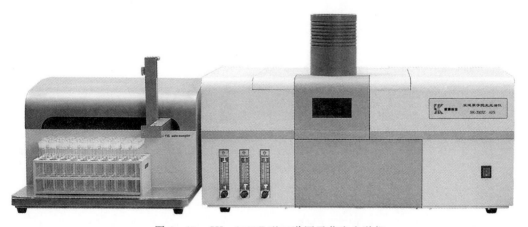

图6-10 SK-2003Z型双道原子荧光光谱仪

2.测定方法

准确称取 0.1～0.2g(±0.000 1g)沉积物风干样于 50mL 比色管中,加几滴水润湿样品,加入 10mL 王水溶液(1+1),盖上塞子轻微摇动比色管使溶液混合均匀后,在水浴中加热 1h,期间摇动比色管数次。由于单支比色管在水浴锅中易倾斜,可将几支比色管捆扎住。酸受热在消解过程中容易喷溅,将小块滤纸叠放在活塞处,这样可以减少样品喷溅造成的损失。

按照国标法处理消解样品,消解结束冷却后,汞样品处理液加入 1mL 体积分数 1%高锰酸钾溶液,摇均后放置 20min,再用体积分数 1%草酸溶液稀释至标线,摇均后放置澄清 30min,此为汞样品消化液,直接量取 2.0mL 汞样品消化液的上层清液待测;用纯水代替试样,按上法做全程序空白(2个以上)。

消解结束冷却后,砷样品处理液加水溶解并稀释至标线,摇匀,放置澄清 20min,此为砷样品消化液;量取 2.0mL 砷样品消化液上层清液于 100mL 容量瓶中,加入 10mL 盐酸溶液(1+1)及 5mL 体积分数 5%硫脲-抗坏血酸混合溶液,用水稀释到刻度线,摇匀待测;用纯水代替试样,按上法做全程序空白(2个以上)。

本方法处理消解样品消解结束冷却后,加水溶解并稀释至标线,摇匀,放置澄清 20min,此为样品消化液。量取 20mL 样品消化液上层清液于 100mL 容量瓶中,加入 10mL 盐酸溶液(1+1)及 5mL 体积分数 5%硫脲-抗坏血酸混合溶液,用水稀释至刻度线,摇匀放置 30min 待测;用纯水代替试样,按上法做全程序空白(2个以上)。

所有样品准备好之后上机测定。

(七)微量元素

微量元素通常采用电感耦合等离子体质谱技术(ICP-MS)进行测定(戚鹏飞等,2020)。

1.试剂与主要仪器

1)试剂

试剂包括:高氯酸、氢氟酸和硝酸以及纯度达到 99.999%的氩气和氦气高纯气体。

2)主要仪器

主要仪器:Agilent 7900 型电感耦合等离子体质谱仪(美国 Agilent 科技股份有限公司制造)(图 6-11)。

ICP-MS 工作条件:采用氦气碰撞反应池模式,用调谐液对仪器质量轴、分辨率、灵敏度、双电荷、氧化物进行优化。

仪器参数设置:氩气为载气,氦气为碰撞气体,通道雾化室等离子体气流速为 15.0L/min,雾化室温度为 2℃,等离子体射频功率为 1.3kW,碰撞模式,氦气流量为 5.0mL/min,蠕动泵转数为 30r/min,测点数为 3,分析时间为 0.1s,重复次数为 3 次,为全定量分析模式。

2.测定方法

利用所测元素标准储备液用于配制标准溶液。称取 0.100～0.500g 完全干燥的沉积物样品,置于微波消解罐中,采用 HNO_3-$HClO_4$-HF 混酸消解法,进行消解。冷却后取出消解罐,待消解罐放冷后,将消化液转移至 25mL 量瓶中,用少量超纯水洗涤消解罐 3 次,合并洗涤液至量瓶中,用超纯水定容至刻度,摇匀,作为供试品溶液。根据样品中元素浓度以及仪器检出限确定稀释倍数,然后上机测试。

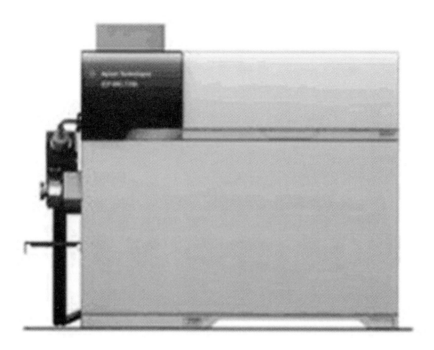

图 6-11 Agilent 7900 型电感耦合等离子体质谱仪

(八)稀土元素

沉积物中稀土元素测定常用分析手段为电感耦合等离子体质谱技术(ICP-MS)(宋晓红等,2017)。

1. 主要仪器与试剂

主要仪器包括:①PE ELAN 6000 型等离子体质谱仪,由美国 Perkin-Elmer 公司制造(表6-9,图6-12),配有高纯石英雾化器、矩管及 AS93 自动进样器;②MWD-2 型微波通用消解装置,由南京传滴仪器设备有限公司制造。

试剂包括:①多元素混合标准溶液(100mg/L,PekinElmer 公司生产);②Sc、In 标准溶液(1000mg/L,国家标准物质中心);③高纯氩气(纯度高于 99.996%)。所有试剂均为优级纯,水为超纯水。

所有器皿均用(3+17)HNO_3 溶液浸泡过夜,超纯水冲洗 3 次,晾干备用。经试验选择的 ICP-MS 工作参数如表 6-9 所示。仪器测定时在样品溶液和标准溶液中加入相同体积的 Rh 内标进行基质效应的校正,该仪器对于溶液的检出限为 $x$pg/mL,分析精度 RSD 高于 6%。

表 6-9 PE ELAN 6000 ICP-MS 工作参数

参数	数值
RF 功率/W	1050
雾化器氩气流速/L·min^{-1}	0.83
等离子体氩气流速/L·min^{-1}	15
辅助氩气流速/L·min^{-1}	1.2
透镜电压	自动聚焦
每个质量积分时间/ms	100
数据测量组数/组	8

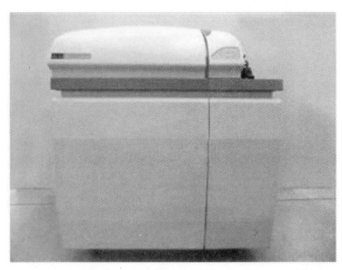

图 6-12 PE ELAN 6000 ICP-MS

2. 分析方法

沉积物采用 $HCl-HNO_3-HF-H_2O_2$ 微波消解,具体操作为:称取约 0.100 0g 干沉积物样,加 0.5mL 去离子水、5mL 盐酸(质量分数 38%)、1mL 硝酸(质量分数 60%)和 1mL 氢氟酸(质量分数 40%)至消解罐中,室温暗处消解 1h,加入 1mL H_2O_2,加盖在室温且暗处过夜($\geqslant$10h);拧紧盖,置罐于微波消解仪中,二档加热 5min,三档加热 4min,四档加热 3min,反复用 3 档加热 4min 或 4 档加热 3min,每档间停 5min,冷却;用 10mL 体积分数 3%硝酸转移回原塑料离心管,开盖水浴锅中 90℃消解 2h,冷却后离心,用体积分数 3%硝酸洗 2~3 次(20mL/次),加入 Rh 内标溶液,用体积分数 3%硝酸定容于 100mL 容量瓶,准备进行 ICP-MS 测定,同时做空白实验、沉积物标样(GBW07314)实验。

三、营养元素分析

营养元素分析通常用元素分析仪进行,可以同时或单独实现样品中几种元素的分析。各类元素分析仪虽结构和性能不同,但均基于色谱原理设计。工作原理是:在复合催化剂的作用下,样品经高温氧化燃烧生成氮气、氮的氧化物、二氧化碳、二氧化硫和水,并在载气的推动下进入分离检测单元。吸附柱将非氮元素的化合物吸附保留,氮的氧化物被还原成氮气后被检测器测定。其他元素的氧化物再经吸附-脱附柱的吸附解析作用,按照C、H、S的顺序被分离测定。

(一)VarioMACROcubeCN 元素分析仪

VarioMACROcubeCN 是德国 Elementar 公司推出的一款高精度、大进样量型的元素分析仪(图6-13),具有检测限宽、稳定性好、精度高等优点。该分析仪主要由进样系统、燃烧和反应系统、热导检测系统(Thermal Con-ductivity Detector,简称 TCD)以及数据采集系统组成。该仪器根据用户的需要设计了多种元素分析组合模式,比如碳氮(CN)、碳氢氮(CHN)、碳氮硫(CNS)、碳氢氮硫(CHNS)等模式。

1. 分析原理

将处理好的样品用百万分之一天平精确称量后,用锡杯包裹压实,并精确称量后放入自动进样器的样品盘中。点击"开始分析"后,首先 TCD 检测器对测量基线调零,然后喷氧管开始加氧,同时球阀转动将样品带入燃烧管(960～1150℃),燃烧管内高温富氧条件使得样品充分燃烧。燃烧产生含有 C、H、N、O、S、Cl 等元素的有机气体,在流速稳定的氦气带动下进入次级燃烧管,将未完全氧化的气体(CO、NO、CH_4 等)转化为稳定的气体(CO_2、SO_2、H_2O 等)。氧化后的混合气体随后被载气带入还原管,还原管中填充的化学填料将混合气体中的

图6-13 VarioMACROcubeCN 元素分析仪

干扰气体进一步去除。反应生成气体在载气的带动下经过吸附柱的吸附与解吸附过程,依次进入 TCD 检测器进行检测,检测到的信号传输到计算机,通过操作软件自动计算出待测样品中元素的百分含量(潘进疆和雷丽丹,2020)。

2. 操作步骤

1)开机顺序

(1)按照仪器的模式设定,检查仪器的燃烧管、次级燃烧管、还原管以及进样系统,确认安装无误后进行下一步操作。

(2)打开与仪器连接的计算机。

(3)打开 VarioMACROcube 主机的电源(按下靠近仪器右侧面板左下角的绿色按键),等

待仪器进样系统初始化完毕(此过程大概耗时一两分钟,听见仪器内部传出"嘶嘶""嘶嘶"的响声结束)。

(4)打开氦气总阀,将减压阀压力调至 0.16MPa;打开氧气总阀,将压力调至 0.20MPa(这两个值仅针对"CN"模式,不同的模式气体压力值设定不同)。

(5)打开 VarioMACROcube 操作软件,确定器主机与操作软件成功连线以后,将进样盘调整至初始位置,等待仪器的升温(此过程耗时 30～40min,室温低时 TCD 升温时间将会延长);升温完成后,设定相关的工作参数后便可开始测样。

2)仪器的参数设定

(1)温度设定:将 VarioMACROcube 的燃烧管温度设定为 960℃,次级燃烧管温度设定为 900℃,还原管温度设定为 830℃,TCD 检测器温度设定为 57.9℃。仪器开启后的升温过程一般要经历 30～40min。

(2)气体压力和流速设定:仪器的氦气压力减压阀一般调整至 0.16MPa,氧气压力为 0.20MPa,系统压力为 1200～1250MPa,氦气流量为 600mL/min,TCD 流量为 600mL/min,加氧时间(单位:s)和氧气流量(单位:mL/min)要根据所测试样品性质或称样量的大小自行设定。

3)测试

仪器的工作参数都达到测试要求后,在操作软件中编辑好测试序列,点击"Start"开始测试。一般要求样品每隔 10 个加 1 个标样(CN 模式的标准物质一般选用苯丙氨酸,C 质量分数为 65.44%,N 质量分数为 8.48%)和 1 个重复样,以便检查仪器的状态以及测试结果的平行性。测试完成之后要根据事先保存好的标准曲线对数据进行校正,标准物质的校正因子在 0.9～1.1 之间,方可认为数据是真实可信的。

4)关机顺序

(1)测试结束后,保存好测试数据,仪器自动进入休眠状态,待燃烧管、次级燃烧管、还原管的温度都降到 100℃以下。

(2)退出 VarioMACROcube 操作软件。

(3)关闭电脑。

(4)关闭氦气和氧气的减压阀以及总阀。

(5)关闭仪器电源。

第七节 有机质分析

一、分析前处理

用于测量有机质的海洋沉积物样品在进行样品分割时应注意避免塑料污染,分割后的样品应用铝箔包裹后放入自封袋冷冻保存。样品分析前处理同样也包括干燥和磨样两个步骤,干燥采用冷冻干燥法,待样品完全干燥后用研钵研磨成粉末并过 60 目筛,用铝箔包裹后放入自封袋低温保存。

二、有机质提取

目前常用的有机质提取方法有 3 种,包括超声萃取法、索氏抽提法和快速溶剂萃取仪提取法。

超声萃取法利用超声波产生的强烈的空化效应对物质进行萃取,加快了物质的溶解、扩散,故提取效率高(李婷等,2006)。超声萃取法的主要优点有:无须加热,不破坏产物中具有热敏性、易水解或易氧化特性的成分,因此适合不耐热的目标成分的萃取;超声波萃取允许添加共萃取剂,以进一步增大液相的极性,萃取效率高;超声萃取可以使用任何一种溶剂,因此可以用于提取绝大多数的化合物。

索氏抽提法是利用溶剂回流和虹吸原理,使固体物质每一次都能为纯的溶剂所萃取,所以萃取效率较高(韦燕娟,2020)。索氏抽提法的优点在于设备简单、操作简捷和能耗低。但是由于抽提时需要加热,因此该方法不适用于热稳定性低的化合物的提取,并且在萃取剂的选择上也具有一定的局限性,需要选取沸点较低的萃取剂,同时索氏抽提法耗时也较长。索氏抽提法主要用于提取植物中的脂肪,但由于有机溶剂的抽提物中除脂肪外,还或多或少含有游离脂肪酸、甾醇、磷脂、蜡及色素等类脂物质,因而索氏抽提法测定的结果只能是粗脂肪。此外,索氏抽提法还用于提取有机氯、多氯联苯和多环芳烃等环境中的有机污染物。

快速溶剂萃取法主要是在较高温度与压力的条件下,利用有机溶剂萃取固体或者是半固体的一种自动化方法(韦燕娟,2020)。快速溶剂萃取法的优点为:有机溶剂用量少;检测过程快速;基体影响小,能对固体、半固体进行萃取;自动化程度高,操作方便安全。缺点为:萃取过程有压力,不能测定脂肪;管道容易堵塞。

三、分析方法

有机质分析包括有机氯、多氯联苯、多环芳烃和正构烷烃等与环境污染相关的有机质,以及与古气候和环境变化相关的有机质(长链烯酮、二醇类、GDGTs、藿多醇等)。

(一)有机氯、多氯联苯和多环芳烃

1. 方法原理

利用超声、索氏抽提或快速溶剂萃取仪进行自动提取,经优化固相萃取条件后的硅酸镁小柱净化,结合气相色谱-质谱联用仪,建立同时测定多环芳烃、多氯联苯和有机氯的方法(吴亮等,2019)。

2. 主要试剂和仪器

1)试剂

标准储备溶液:15 种 PAHs、7 种 PCBs、8 种 OCPs 质量浓度均为 2000mg/L。

4 种氘代内标标准储备液(IS):苊-d10、菲-d10、䓛-d12、芘-d12,质量浓度均为 2000mg/L。

替代物标准储备液(SS):2-氟联苯、四氯间二甲苯、对-三联苯 d14、绿茵酸二丁酯,质量浓度均为 2000mg/L。

正己烷、丙酮、二氯甲烷:农残级。

硅酸镁固相萃取小柱:1g/6mL。

多环芳烃、多氯联苯和有机氯农药土壤有证标准物质:编号分别为 S0218、S1017 和 S220236。

硅藻土:粒径为 375～850μm(20～40 目)。

无水硫酸钠:优级纯,于 400℃烘烤 4h 后装入磨口玻璃瓶中,置于干燥器中备用。

2)主要仪器

主要仪器包括:气相色谱-质谱联用仪(GC-MS)(图 6-14)、ASE 快速溶剂萃取仪(图 6-15)。

图 6-14 气相色谱-质谱联用仪

图 6-15 ASE 快速溶剂萃取仪

3. 测定步骤

1)样品前处理

样品采集后置于聚四氟乙烯容器中,挑除异物,充分混匀后用真空冷冻干燥仪进行脱水,冻干后充分研磨过 $850\mu m$(20 目)孔径筛。称取 10g 样品及一定量的硅藻土置于小烧杯中,充分混匀,装填至萃取池中,添加 100ng 替代物进行萃取。

2)样品萃取

ASE 萃取条件:溶剂为正己烷-二氯甲烷(体积比 1∶1),加热温度为 100℃,萃取池压力为 10.3MPa(1500psi),预加热平衡时间为 5min,静态萃取时间为 5min,溶剂淋洗体积分数为 60%,吹扫时间为 60s,循环次数为 2 次。

3)提取样品

将提取液在室温下用氮吹仪柔和浓缩,并用正己烷定容至约 2mL,待 SPE 小柱净化。依次用 5mL 二氯甲烷和 10mL 正己烷淋洗与活化净化柱,弃去流出液。待填料液面近干时,用玻璃巴式吸管将样品完全转移至已活化好的硅酸镁小柱,再用 10mL 体积分数 20%二氯甲烷-正己烷混合溶液洗脱,收集洗脱液柔和氮吹浓缩至 1.0mL,加入 $10\mu L$($20\mu g/mL$)进样内标,供 GC-MS 测定。

(二)正构烷烃

1. 方法原理

正构烷烃的测定参照《海洋沉积物中正构烷烃的测定 气相色谱-质谱法》(GB/T 30739—2014)。海洋沉积物样品中的正构烷烃($C_9 \sim C_{36}$)采用正己烷作为提取剂,用快速萃取剂或超声提取法提取,提取液经固相萃取柱净化浓缩后,用气相色谱或气相色谱-质谱仪测定,采用内标进行定量。

2. 试剂和主要仪器

1)试剂

正己烷:色谱纯,或重蒸过的分析纯正己烷。

分散剂:无水硫酸钠(Na_2SO_4),分析纯 400℃烘 4h,干燥器中保存;硅胶,40 目。

中性氧化铝(Al_2O_3)固相萃取柱:规格为 1000mg。

铜粉:使用前活化,取适量铜粉,加足量体积分数 50%盐酸活化,一次用去离子水、丙酮和正己烷清洗至中性,密封保存于正己烷中。

正构烷烃混合标准溶液:$C_9 \sim C_{36}$ 正构烷烃混合标准物,各组分质量浓度为 $500\mu g/mL$,溶剂为正己烷,密封冷藏保存。

正构烷烃混合标准使用溶液:用氘代正二十四烷($C_{24}D_{50}$)溶液作为正构烷烃定量用内标,质量浓度为 500ng/mL,溶剂为正己烷,配制后密封冷藏保存。

其他试剂:甲醇、二氯甲烷、正己烷和氯仿。

2)主要仪器

主要仪器包括:气相色谱-质谱联用仪(GC-MS)、快速溶剂萃取仪(建议使用34mL规格)、氮吹仪或旋转蒸发仪。

3. 测定步骤

1)样品制备

将沉积物去除杂物,采用冻干机进行干燥(或于烘箱中低于40℃烘干),研磨,过60目筛,收集备用。

2)样品提取和除硫

快速溶剂萃取法:称取(10.0±0.01)g 沉积物与 3.0g 硅胶,置于玻璃烧杯中混匀,倒入 ASE 快速溶剂萃取仪萃取池中,设置快速溶剂萃取的处理方法和批量处理表,运行之后,收集提取液于浓缩瓶中,加入适量铜片,超声提取 5min,除硫后,再用氮吹仪或旋转蒸发器浓缩至 1.0mL,待净化。

超声提取法:称取(10.0±0.01)g 沉积物与 10.0g 无水硫酸钠,在玻璃烧杯中混匀,置于预先用正己烷处理过的圆形滤纸筒内,放入 100mL 具塞比色管内,加入 60.0mL 正己烷,浸泡 12h 后,超声提取 20min,调整功率至溶剂界面有轻微波动,将提取液移入浓缩瓶中,再用 20.0mL 正己烷重复超声提取两次,静止分层,合并收集正己烷相,作为样品提取液,加入适量铜片,超声提取 5min,除硫后,再用氮吹仪或旋转蒸发器浓缩至 1.0mL,待净化。

3)样品净化和浓缩

固相萃取法使用的设备为固相萃取仪,操作步骤如下。

(1)将中性氧化铝固相萃取柱依次放置于固相萃取装置,拧紧所有旋钮。

(2)柱预处理/活化:加入 3.0mL 正己烷于柱中,拧松开关,当溶剂完全浸润柱填充物时拧紧开关,保持 1min;打开开关,使溶剂缓慢流过柱子,速度为 3mL/min;当溶剂液面接近柱填充物时,再加入 3.0mL 正己烷,共重复 3 次。

(3)样品过柱:将样品浓缩液加入固相萃取柱中,使浓缩液缓慢流过萃取柱,速度为 3mL/min,收集过柱组分。

(4)洗脱:当浓缩液液面接近柱填充物时,缓慢加入 3.0mL 正己烷洗脱固相萃取柱,注意不要搅动液面,流速为 3mL/min,重复两次,收集过柱组分。

(5)合并(3)和(4)的过柱组分,待浓缩。

将净化液用氮吹仪或旋转蒸发器浓缩至 0.5mL,移取至进样瓶,加入 100μL 正构烷烃内标,定容至 1.0mL,混匀,待测。

4)定量计算

定量分析采用 SIM 法,采集离子为 85m/z。用正构烷烃混合标准使用溶液进行定量分析,用氘代正二十四烷($C_{24}D_{50}$)作为内标。按照式(6-19)计算各正构烷烃组分($C_9 \sim C_{36}$)与进样内标的相对响应因子 RRF,按照式(6-20)计算样品中各正构烷烃组分的含量。

内标法定量计算式为:
$$RRF = A_{C0} \cdot W_{I0}/A_{I0} \cdot W_{C0} \quad (6-19)$$
式中,RRF 为相对响应因子;A_{C0} 为标准中组分峰面积;W_{I0} 为标准中内标量;A_{I0} 为标准中内标峰面积;W_{C0} 为标准中组分量。
$$c = A_{C1} \cdot W_{I1}/A_{I1} \cdot RRF \cdot W_S \quad (6-20)$$
式中,c 为样品中组分含量;A_{C1} 为样品中组分峰面积;A_{I1} 为样品中内标峰面积;W_{I1} 为样品中内标量;W_S 为样品质量。

正构烷烃的总量等于各组分含量之和。

(三)长链不饱和烯酮

海洋沉积物中长链不饱和烯酮可以利用固相萃取-气相色谱联用法来测定(白亚之等,2012)。

1. 试剂和主要仪器

1)试剂

试剂包括:二氯甲烷、正己烷、甲醇均为色谱纯;无水硫酸钠(经450℃灼烧4h);超纯水。

2)主要仪器

主要仪器包括:冷冻干燥机、超声破碎仪、离心机、旋转蒸发仪、氮吹浓缩仪、气相色谱仪(GC)(图6-16)。

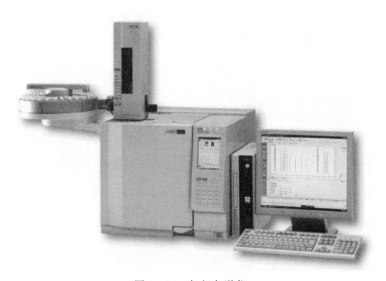

图6-16 气相色谱仪

2. 测定步骤

1)样品前处理

样品冷冻干燥后,研磨至200目。准确取样品5g左右加入50mL石英离心管中,加50μL

混合内标,加25mL二氯甲烷(DCM)溶剂,超声破碎提取3次,每次5min。每次提取的样品经离心(3000r/min,8min)后上清液转移至250mL烧瓶中。

2)样品净化

初级净化:将提取的样品在旋转蒸发仪上旋至约0.5mL。样品用二氯甲烷溶解转移至2mL样品瓶后,用氮吹仪吹干,加入300μL的氢氯化钾-甲醇溶液(将0.7g氢氯化钾加入25mL甲醇溶液中,再加入甲醇体积5%体积的超纯水,搅拌至氢氯化钾全部溶解,制成氢氯化钾-甲醇溶液),在80℃的条件下保持2h。加500μL正己烷振荡,收集上清液,重复4次。

二级净化:将收集的上清液使用氮吹仪浓缩至0.5mL,使用硅胶层析小柱对样品净化处理,用于10mL正己烷预淋洗后,加入样品。分别用多于10mL的正己烷、多于10mL正己烷/二氯甲烷(体积比为1:2)、多于10mL甲醇淋洗,分别收集三部分淋洗液。用氮吹仪吹干,二氯甲烷转移至内插管,定容到25μL。目标物在第二部分的淋洗液中,用气相色谱仪(GC)测定。

3)定量计算

采用内标法定量,使用C_{19}酮作为内标物,用一系列不同浓度的混合标样分别进样,可得标准校正曲线。利用$n-C_{38}$烷烃和$n-C_{40}$烷烃的相对响应因子进行含量的计算,$n-C_{38}$烷烃的响应因子用来计算C_{38}群组的含量,$n-C_{40}$烷烃的响应因子用来计算C_{38}群组的含量,在本实验中只计算C_{37}的两种不饱和烯酮。按照方法提取一个样品进样,记录色谱图,根据含内标物的待测组分溶液色谱响应值,采用以下公式计算C_{37}目标化合物的含量:

$$C_i = f \cdot A_i \cdot C_s / A_s \qquad (6-21)$$

式中,A_i和A_s分别为样品和内标物的峰面积;C_s为加入内标物的量;f为相对响应因子,且$f = f_s / f_{n-38}$。

(四)二醇类

1.试剂和主要仪器

1)试剂

试剂包括:甲醇、二氯甲烷、甲醇、二氯甲烷、$n-C_{19}$脂肪醇、氢氧化钾、硅烷化试剂(BSTFA)。

2)主要仪器

主要仪器包括:气相色谱-质谱联用仪(GC-MS)、氮吹仪。

2.测定步骤

1)样品处理

准确称取10~20g研磨至200目左右的沉积物粉末样,依次用甲醇(3次)、二氯甲烷/甲醇(体积比为1:1,3次)、二氯甲烷(3次)溶剂超声波萃取15min,在超声抽提前加入$n-C_{19}$脂肪醇作为内标;离心后,将上清液倒入梨形瓶中收集,旋转蒸发浓缩后转移到4mL细胞瓶中;用高纯氮气吹干后向细胞瓶中加入氢氧化钾-甲醇(摩尔浓度1mol/L)溶液,皂化水解去除酸性组分后,加入正己烷萃取得中性组分,萃取后的中性组分进行硅胶柱层析,先用二氯甲烷/正己烷(体积比为8∶2)洗脱烃类组分后,再用二氯甲烷/甲醇(体积比为2∶1)洗脱得到醇类组分。醇类组分进行衍生化处理,加入硅烷化试剂(BSTFA),放入60℃烘箱2h。氮气吹干后加入正己烷待进行色谱-质谱(GC-MS)仪器分析测定。

2)样品分析

离子源为电子轰击源(70eV),色谱柱型号为HP-5毛细管色谱柱(60m×0.32mm内径,0.25μm涂层)。升温程序为:初始温度80℃(2min),以6℃/min升至220℃,以8℃/min升至290℃(5min),最后以2℃/min升至310℃恒温保持20min。采用无分流模式进样,载气为高纯氦气,流速为1.1mL/min。扫描模式为全扫(full scan)和选择离子(SIM)。

(五)四醚膜酯类化合物(GDGTs)

不含极性头基的core-GDGTs是微生物脂膜的重要组成,在地表的各类未成熟(<140Ma)沉积载体中广泛分布。含量较高的是类异戊二烯GDGTs(isoGDGTs)和支链GDGTs(brGDGTs)两大类(Schouten et al.,2002;Hopmans et al.,2004)。前者主要来源于古菌,包括奇古菌门(*Thaumarchaeota*)或泉古菌门(*Crenarchaeota*)和广古菌门(*Euryarchaeota*);后者来源于细菌,包括厌氧和兼性厌氧细菌。需要指出的是,含有磷基头(Phospho-)的古菌完整极性脂类GDGTs(IPL-GDGTs)在母体古菌死亡后会迅速降解失去极性头基,深层沉积物中大量埋藏的含有糖基头(Glyco-)的IPL-GDGTs也会在较短的地质时期内降解,均可以转变成core-GDGTs。因此,最终埋藏在地质体中的isoGDGTs既包含上覆水体浮游古菌沉降的core-GDGTs,也可能包含沉积地层原位古菌IPL-GDGTs的分解产物以及古菌再循环利用的core-GDGTs。但是目前对于海洋沉积物中IPL-GDGTs主要来源于上覆水体,还是沉积地层原位古菌,仍存在分歧(Lengger et al.,2014)。

1.试剂和主要仪器

沉积物中GDGTs可以通过高效液相色谱-质谱仪来测定(Schouten et al.,2002)。

1)试剂

试剂包括:甲醇、二氯甲烷、氢氧化钾。

2)主要仪器

主要仪器包括:高效液相色谱-质谱联用仪(HPLC-MS)(图6-17)。

2.测定步骤

1)样品提取

利用超声波有机溶剂萃取法提取样品中的有机质,称取5g样品向其中加入一定量的C_{46} GDGT内标,依次用二氯甲烷/甲醇(体积比为9∶1)萃取液超声萃取其中的有机质,在得到的总提取液中加入适量铜片进行脱硫,旋转蒸发后转移至2mL的细胞瓶中,然后用氮气吹干。

2)分离组分

将提取出来的有机质进行硅胶层析柱分离,硅胶层析柱用100~200目活化后的硅胶填充而成,将提取出来的有机质转移至硅胶层析柱上部后,分别用正己烷和甲醇试剂洗脱,得到非极性组分和极性组分。极性组分样品用 $0.45\mu m$ 聚四氟乙烯滤膜（PTFE）过滤去除颗粒物质，在氮气下吹干后储存在冰箱中等待测试。

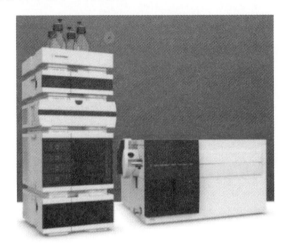

图 6-17　高效液相色谱-质谱联用仪

3）测定

测试前，样品重新溶解在约 300uL 正己烷/异丙醇（体积比 98.2 : 1.8）混合溶剂中。GDGTs 通过两个串联的硅化柱（BEH HILIC columns，$2.1\times150mm$，$1.7\mu m$）分离，柱温保持在 30℃。检测 GDGTs 化合物条件为：[正己烷（A）、异丙醇]正己烷（体积比 1 : 9，B）作为流动相，洗脱梯度为 0~25min，B 的比例为 18%；25~50min，B 的比例从 18% 线性增至 35%；50~80min，B 的比例从 35% 线性增至 100%，之后以 100%B 冲洗色谱柱 20min，最后 B 的比例回到 18%，流速为 0.2mL/min，产生的最大回流压力为 230bar。单离子检测（Single Ion Monitoring，简称 SIM）模式进行扫描，并通过各峰面积比值确定各化合物相对含量。扫描质核比为 1302m/z、1300m/z、1298m/z、1296m/z、1292m/z、1050m/z、1048m/z、1046m/z、1036m/z、1034m/z、1032m/z、1022m/z、1020m/z、1018m/z。离子大气压化学电离（APCI）和质谱（MS）条件为：雾化气压为 60psi，雾化温度为 400℃，干燥气氮气流速为 6L/min，温度为 200℃，毛细管温度为 3500℃，电晕电流为 $5\mu A$（约 3200V）。

4）计算

（1）TEX_{86} 指标计算（Schouten et al.，2002）公式如下：

$$TEX_{86}=(GDGT-2+GDGT-3+crenarchaeol')/(GDGT-1+GDGT-2+GDGT-3+crenarchaeol') \tag{6-22}$$

（2）表示 bGDGTs 甲基化指数的 MBT 指标和环化指数的 CBT 指标参考 Weijers 等（2007），计算公式如下：

$$MBT=(\text{I}+\text{I}b+\text{I}c)/(\text{I}+\text{I}_b+\text{I}_c+\text{II}+\text{II}_b+\text{II}_c+\text{III}+\text{III}_b+\text{III}_c) \tag{6-23}$$

$$CBT=\log[(\text{I}b+\text{II}b)/(\text{I}+\text{II})] \tag{6-24}$$

（3）BIT 指标计算（Hopmans et al.，2004）公式如下：

$$BIT=(\text{I}+\text{II}+\text{III})/(\text{I}+\text{II}+\text{III}+crenarchaeol') \tag{6-25}$$

(六)藿多醇

1.试剂和主要仪器

1)试剂

试剂包括:超纯水、甲醇、二氯甲烷、异丙醇。

2)主要仪器

主要仪器包括:高效液相色谱-质谱联用仪(HPLC-MS)。

2.测定步骤

1)样品处理

将沉积物样品冷冻干燥后研磨,称取约 5g 样品,加入超纯水/甲醇(MeOH)/二氯甲烷(CH_2Cl_2)(体积比为 4∶10∶5)混合试剂,振荡并超声萃取 1h,离心后取上清液,重复 4 次。将上清液合并加入 CH_2Cl_2/H_2O(10mL,体积比为 1∶1)后离心,使有机相与水相完全分离。取有机相于氮气下吹干后,加入内标($3\alpha,12\alpha$-dihydroxy-5β-pregnan-20-one3,12-diacetate)、乙酸酐和吡啶(4mL,体积比为 1∶1)于 50℃下乙酰化 1h,并于室温下放置过夜。乙酰化后的溶液使用氮气吹干后,用 MeOH/异丙醇(体积比为 3∶2)溶解定容,通过高效液相色谱-质谱联用仪(HPLC-MS)测定 BHPs。

乙酰化反应:细菌藿多醇由于分子量比较大,无法通过气相色谱仪(GC)或者气相色谱-质谱联用仪(GC-MS)进行测试,所以需要进行乙酰化后使用液相色谱-质谱联用仪(LC-MS)进行分析。取 1/4 脂肪醇样品加入体积比为 1∶1 的吡啶∶乙酸酐 2mL 在 70℃下加热 1h 进行乙酰化反应,反应结束后放置过夜后在氮气流下吹干,然后使用高效液相色谱-质谱联用仪(HPLC-MS)进行测定(Wu et al.,2015)。

2)样品分析

色谱柱流速为 0.19mL/min,温度为 30℃,进样量为 5μL。配备有正离子模式 APCI 源的质谱仪参数设定为:毛细管温度为 155℃,电压为 1200V,APCI 蒸发器温度为 350℃,电晕放电电流为 4μA,流动相采用梯度洗脱,洗脱液 A 为 $MeOH/H_2O$(体积比 95∶5)混合试剂,洗脱液 B 为异丙醇。

高效液相色谱(HPLC)流动相梯度如下:0~2min 为 100% 洗脱液 A,2~20min 洗脱液 B 线性增加至 20%,20~30min 洗脱液 B 为 20%,30~40min 洗脱液 B 线性增加至 30%,40~45min 洗脱液 B 线性降低至 0% 并运行 5min。

藿多醇(BHP)的定性判别是基于选择性离子扫描模式(SIM)模式,扫描分子离子峰为 613、653、655、669、714、761、772、775、788、830、802、816 和内标(419),并结合 MS-MS 模式下的碎裂模式及相对保留时间的比较来确定的。BHPs 各组分由其峰面积与内标峰面积对比获得半定量浓度。

参考文献

白亚之,邹建军,刘季花,等,2012.固相萃取-气相色谱联用测定海洋沉积物中的长链烯酮[J].海洋科学进展,30(4):541-547.

毕卫红,樊俊波,李喆,等,2020.基于紫外吸收光谱法的海水总有机碳浓度原位测量[J].光谱学与光谱分析,40(8):2484-2489.

董硕,2013.应用总有机碳分析仪测定海水中的总有机碳[J].中国给水排水,29(12):98-100.

李凤业,1985.海洋沉积物中钾、钠、钙、镁的连续测定[J].海洋科学,9(1):21-23.

李婷,侯晓东,陈文学,等,2006.超声波萃取技术的研究现状及展望[J].安徽农业科学,34(13):3188-3190.

马然,刘岩,褚东志,2013.海水总有机碳现场分析仪微光信号处理系统[J].计算机工程,39(11):303-306+311.

潘进疆,雷丽丹,2020.元素分析仪的使用和维护:以VarioMACROcubeCN元素分析仪为例[J].分析仪器,232(5):147-152.

戚鹏飞,张彩霞,张晓萍,等,2020.微波消解-ICP-MS同时测定中药海藻及其混伪品中20种重金属及微量元素[J].中国现代应用药学,37(20):2481-2486.

任尚书,2017.海水透明度测量技术研究[D].长沙:中国人民解放军国防科技大学.

任尚书,周树道,王敏,2019.基于微纳阵列的光度学海水透明度测量仪设计[J].海洋科学进展,37(1):115-128.

施美霞,2020.水质分析中的浊度检测研究[J].化工管理(28):175-176+179.

宋晓红,李月琪,孙友宝,等,2017.ICPMS-2030测定海洋沉积物中的稀土元素[C]//中国仪器仪表学会.2017年中国光谱仪器前沿技术研讨会论文集.北京:中国仪器仪表学会:137-141.

苏荣,洪欣,王晓飞,等,2014.多元素同时分析技术在沉积物重金属分析中的应用研究进展[J].安徽农业科学,42(31):11049-11051.

孙友宝,宋晓红,孙媛媛,等,2014.电感耦合等离子体原子发射光谱法(ICP-AES)测定海洋沉积物中的多种金属元素[J].中国无机分析化学,4(3):35-38.

韦燕娟,2020.探讨快速溶剂萃取与索氏抽提对比测定复垦土壤中4类20种半挥发性有机污染物[J].科技风(17):185.

吴亮,岳中慧,张皓,等,2019.ASE-GC-MS法同时测定农用地土壤中的多环芳烃、多氯联苯和有机氯农药[J].化学分析计量,28(4):7-17.

谢美灵,2013.原子荧光法测定海洋沉积物中的砷和汞[J].科学之友(12):2-3.

参考文献

杨斌,蓝日仲,亢振军,等,2020.不同预处理干燥方法对海洋沉积物磷形态提取的影响[J].海洋环境科学,39(2):288-295.

杨冰洁,余凤玲,郑卓,等,2015.南澳岛青澳湾沉积物粒度与烧失量指示的全新世沉积环境变化[J].海洋地质与第四纪地质,35(6):41-51.

DODSON M H,COMPSTON W,WILLIAMS I S,et al.,1988. A search for ancient detrital zircons in Zimbabwean sediments[J]. Journal of the Geological Society,145(6):977-983.

HOPMANS E C, WEIJERS J W H, SCHEFUB E, et al., 2004. A novel proxy for terrestrial organic matter in sediments based on branched and isoprenoid tetraether lipids[J]. Earth and Planetary Science Letters(224):107-116.

LENGGER S K,HOPMANS E C,SINNINGHE DAMSTÉ J S,et al.,2014. Impact of sedimentary degradation and deep water column production on GDGT abundance and distribution in surface sediments in the Arabian Sea:Implications for the TEX86 paleothermometer[J]. Geochimica et Cosmochimica Acta(142):386-399.

SCHOUTEN S, HOPMANS E C, SCHEFUB E, et al., 2002. Distributional variations in marine crenarchaeotal membrane lipids:A new tool for reconstructing ancient sea water temperatures[J]. Earth and Planetary Science Letters(204):265-274.

VERMEESCH P,2013. Multi-sample comparison of detrital age distributions[J]. Chemical Geology(341):140-146.

WEIJERS J W H, SCHOUTEN S, VAN DEN DONKER J C, et al., 2007. Environmental controls on bacterial tetraether membrane lipid distribution in soils[J]. Geochim Cosmochim Acta(71):703-713.

WETHERILL G W, 1956. Discordant uranium lead ages, I [J]. Transactions, American Geophysical Union (37):320-326.

WU C H, KONG L, BIALECKA-FORNAL M,et al.,2015. Quantitative hopanoid analysis enables robust pattern detection and comparison between laboratories[J]. Geobiology(13):391-407.

附录：φ 值-毫米换算表

φ 值	$(+\varphi)$ mm	$(-\varphi)$ mm	φ 值	$(+\varphi)$ mm	$(-\varphi)$ mm	φ 值	$(+\varphi)$ mm	$(-\varphi)$ mm	φ 值	$(+\varphi)$ mm	$(-\varphi)$ mm
0.00	1.0000	1.0000	0.50	0.7071	1.4142	1.00	0.5000	2.0000	1.50	0.3536	2.8284
01	0.9931	0070	51	7022	4241	01	4965	0139	51	3511	8481
02	9862	0140	52	6974	4340	02	4931	0279	52	3487	8679
03	9794	0210	53	6926	4439	03	4897	0420	53	3463	8879
04	9718	0285	54	6877	4540	04	4863	0562	54	3439	9079
05	9659	0355	55	6830	4641	05	4841	0705	55	3415	9282
06	9593	0425	56	6783	4743	06	4796	0849	56	3392	9485
07	9526	0498	57	6736	4845	07	4763	0994	57	3368	9690
08	9461	0570	58	6690	4948	08	4730	1140	58	3345	9897
09	9395	0644	59	6643	5052	09	4697	1287	59	3322	3.0105
0.10	9330	0718	0.60	6598	5157	1.10	4665	1435	1.60	3299	0314
11	9266	0792	61	6552	5263	11	4633	1585	61	3276	0525
12	9202	0867	62	6507	5369	12	4601	1735	62	3253	0737
13	9138	0943	63	6462	5476	13	4569	1886	63	3231	0951
14	9075	1019	64	6417	5583	14	4538	2038	64	3209	1166
15	9013	1096	65	6373	5692	15	4506	2191	65	3186	1383
16	8950	1173	66	6329	5801	16	4475	2346	66	3164	1602
17	8890	1251	67	6285	5911	17	4444	2501	67	3143	1821
18	8827	1329	68	6242	6021	18	4414	2658	68	3121	2043
19	8766	1408	69	6199	6133	19	4383	2815	69	3099	2266
0.20	8705	1487	0.70	6156	6245	1.20	4353	2974	1.70	3078	2490
21	8645	1567	71	6113	6358	21	4323	3134	71	3057	2716
22	8586	1647	72	6071	6472	22	4293	3295	72	3035	2944
23	8526	1728	73	6029	6586	23	4263	3457	73	3015	3173
24	8468	1810	74	5987	6702	24	4234	3620	74	2994	3404
25	8409	1892	75	5946	6818	25	4204	3784	75	2973	3636
26	8351	1975	76	5905	6935	26	4175	3950	76	2952	3870
27	8293	2058	77	5864	7053	27	4147	4116	77	2932	4105
28	8236	2142	78	5824	7171	28	4118	4284	78	2912	4343
29	8179	2226	79	5783	7291	29	4090	4453	79	2892	4581

续表

φ值	(+φ) mm	(−φ) mm	φ值	(+φ) mm	(−φ) mm	φ值	(+φ) mm	(−φ) mm	φ值	(+φ) mm	(−φ) mm
0.30	8123	2311	0.80	5743	7411	1.30	4061	4623	1.80	2872	4822
31	8066	2397	81	5704	7532	31	4033	4794	81	2852	5064
32	8011	2483	82	5664	7654	32	4005	4967	82	2832	5308
33	7955	2570	83	5625	7777	33	3978	5140	83	2813	5554
34	7900	2658	84	5586	7901	34	3950	5315	84	2793	5801
35	7846	2746	85	5548	8025	35	3923	5491	85	2774	6050
36	7792	2834	86	5510	8150	36	3896	5669	86	2755	6301
37	7738	2924	87	5471	8276	37	3869	5847	87	2736	6553
38	7684	3014	88	5434	8404	38	3842	6027	88	2717	6808
39	7631	3104	.89	5396	8532	39	3816	6208	89	2698	7064
0.40	7579	3195	0.90	5359	8661	1.40	3789	6390	1.90	2679	7321
41	7526	3287	91	5322	8790	41	3763	6574	91	2661	7581
42	7474	3379	92	5285	8921	42	3729	6759	92	2643	7842
43	7423	3472	93	5249	9053	43	3711	6945	93	2624	8106
44	7371	3566	94	5212	9185	44	3686	7132	94	2606	8371
45	7321	3660	95	5176	9319	45	3660	7321	95	2588	8637
46	7270	3755	96	5141	9453	46	3635	7511	96	2570	8906
47	7220	3851	97	5105	9588	47	3610	7702	97	2553	9177
48	7170	3948	98	5070	9725	48	3585	7895	98	2535	9449
49	7120	4044	99	5035	9862	49	3560	8089	99	2517	9724
2.00	0.2500	4.0000	2.50	0.1768	5.6569	3.00	0.1250	8.000	3.50	0.0884	11.314
01	2483	0278	51	1756	6962	01	1241	0556	51	0878	392
02	2466	0558	52	1743	7358	02	1233	1117	52	0872	472
03	2449	0840	53	1731	7757	03	1224	1681	53	0866	551
04	2432	1125	54	1719	8159	04	1216	2249	54	0860	632
05	2415	1411	55	1708	8563	05	1207	2821	55	0854	713
06	2398	1699	56	1696	8971	06	1199	3397	56	0848	794
07	2382	1989	57	1684	9381	07	1191	3977	57	0842	876
08	2365	2281	58	1672	9794	08	1183	4561	58	0836	959
09	2349	2575	59	1661	6.0210	09	1174	5150	59	0830	12.042

续表

φ 值	$(+\varphi)$ mm	$(-\varphi)$ mm	φ 值	$(+\varphi)$ mm	$(-\varphi)$ mm	φ 值	$(+\varphi)$ mm	$(-\varphi)$ mm	φ 值	$(+\varphi)$ mm	$(-\varphi)$ mm
2.10	2333	2871	2.60	1649	0629	3.10	1166	5742	3.60	0825	126
11	2316	3169	61	1638	1050	11	1158	6338	61	0819	210
12	2300	3469	62	1627	1475	12	1150	6939	62	0813	295
13	2285	3772	63	1615	1903	13	1142	7544	63	0808	381
14	2269	4076	64	1604	2333	14	1134	8152	64	0802	467
15	2253	4383	65	1593	2767	15	1127	8766	65	0797	553
16	2238	4691	66	1582	3203	16	1119	9383	66	0791	641
17	2222	5002	67	1571	3643	17	1111	9.0005	67	0786	729
18	2207	5315	68	1560	4086	18	1103	0631	68	0780	817
19	2192	5631	69	1550	4532	19	1096	1261	69	0775	906
2.20	2176	5948	2.70	1539	4980	3.20	1088	1896	3.70	0769	996
21	2161	6268	71	1528	5432	21	1081	2535	71	0764	13.086
22	2146	6589	72	1518	5887	22	1073	3179	72	0759	178
23	2132	6913	73	1507	6346	23	1066	3827	73	0754	269
24	2117	7240	74	1497	6807	24	1058	4479	74	0748	361
25	2102	7568	75	1487	7272	25	1051	5137	75	0743	454
26	2088	7899	76	1476	7740	26	1044	5798	76	0738	548
27	2073	8232	77	1466	8211	27	1037	6465	77	0733	642
28	2059	8568	78	1456	8685	28	1029	7136	78	0728	737
29	2045	8906	79	1446	9163	29	1022	7811	79	0723	833
2.30	2031	9246	2.80	1436	9644	3.30	1015	8492	3.80	0718	929
31	2017	9588	81	1426	7.0128	31	1008	9177	81	0713	14.026
32	2003	9933	82	1416	0616	32	1001	9866	82	0708	123
33	1989	5.0281	83	1406	1107	33	0994	10.0561	83	0703	221
34	1975	0631	84	1397	1602	34	0988	1261	84	0698	320
35	1961	0983	85	1387	2100	35	0981	1965	85	0693	420
36	1948	1337	86	1377	2602	36	0974	2674	86	0689	520
37	1934	1694	87	1368	3107	37	0967	3388	87	0684	621
38	1921	2054	88	1358	3615	38	0960	4107	88	0679	723
39	1908	2416	89	1350	4110	39	0954	4831	89	0675	825

附录：φ值-毫米换算表

续表

φ值	(+φ) mm	(−φ) mm	φ值	(+φ) mm	(−φ) mm	φ值	(+φ) mm	(−φ) mm	φ值	(+φ) mm	(−φ) mm
2.40	1895	2780	2.90	1340	4643	3.40	0947	5561	390	0670	929
41	1882	3147	91	1330	5162	41	0941	6295	91	0665	15.032
42	1869	3517	92	1321	5685	42	0934	7037	92	0661	137
43	1856	3889	93	1312	6211	43	0928	7779	93	0656	242
44	1843	4264	94	1303	6741	44	0921	8528	94	0652	348
45	1830	4642	95	1294	7275	45	0915	9283	95	0647	455
46	1817	5022	96	1285	7812	46	0909	11.0043	96	0643	562
47	1805	5404	97	1276	8354	47	0902	0809	97	0638	671
48	1792	5790	98	1267	8899	48	0896	1579	98	0634	780
49	1780	6178	99	1259	9447	49	0890	2356	99	0629	889
4.00	0.0625	16.000	4.50	0.0442	22.627	5.00	0.0313	32.000	5.50	0.0221	45.255
01	0621	111	51	0439	785	01	0310	223	51	0219	570
02	0616	223	52	0436	943	02	0308	447	52	0218	886
03	0612	336	53	0433	23.103	03	0306	672	53	0216	46.206
04	0608	450	54	0430	264	04	0304	900	54	0215	527
05	0604	564	55	0427	425	05	0302	33.128	55	0213	851
06	0600	679	56	0424	588	06	0300	359	56	0212	47.177
07	0595	795	57	0421	752	07	0298	591	57	0211	505
08	0591	912	58	0418	918	08	0296	825	58	0209	835
09	0587	17.030	59	0415	24.084	09	0294	34.060	59	0208	48.168
4.10	0583	148	4.60	0412	251	5.10	0292	297	5.60	0206	503
11	0579	268	61	0409	420	11	0290	535	61	0205	840
12	0575	388	62	0407	590	12	0288	776	62	0203	49.180
13	0571	509	63	0404	761	13	0286	35.017	63	0202	522
14	0567	630	64	0401	933	14	0284	261	64	0201	867
15	0563	753	65	0398	25.107	15	0282	506	65	0199	50.213
16	0559	877	66	0396	281	16	0280	753	66	0198	563
17	0556	18.001	1670	0393	457	7170	0278	36.002	2670	0196	914
18	0552	126	68	0390	634	18	0276	252	68	0195	268
19	0548	252	69	0387	813	19	0274	504	69	0194	625

续表

φ 值	$(+\varphi)$ mm	$(-\varphi)$ mm	φ 值	$(+\varphi)$ mm	$(-\varphi)$ mm	φ 值	$(+\varphi)$ mm	$(-\varphi)$ mm	φ 值	$(+\varphi)$ mm	$(-\varphi)$ mm
4.20	0544	379	4.70	0385	992	5.20	0272	758	5.70	0192	984
21	0540	507	71	0382	26.173	21	0270	37.014	71	0191	52.346
22	0537	635	72	0379	355	22	0268	271	72	0190	710
23	0533	765	73	0377	538	23	0266	531	73	0188	53.076
24	0529	896	74	0374	723	24	0265	792	74	0187	446
25	0526	19.027	75	0372	909	25	0263	38.055	75	0186	817
26	0522	160	76	0369	27.096	26	0261	319	76	0185	54.192
27	0518	293	77	0367	284	27	0259	586	77	0183	569
28	0515	427	78	0364	474	28	0257	854	78	0182	948
29	0511	562	79	0361	665	29	0256	39.124	79	0181	55.330
4.30	0508	698	4.80	0359	858	5.30	0254	397	5.80	0179	715
31	0504	835	81	0356	28.051	31	0252	671	81	0178	56.103
32	0501	973	82	0354	246	32	0250	947	82	0177	493
33	0497	20.112	83	0352	443	33	0249	40.224	83	0176	886
34	0494	252	84	0349	641	34	0247	504	84	0175	57.282
35	0490	393	85	0347	840	35	0245	786	85	0173	680
36	0487	535	86	0344	29.041	36	0243	41.070	86	0172	58.081
37	0484	678	87	0342	243	37	0242	355	87	0171	485
38	0480	821	88	0340	446	38	0240	643	88	0170	892
39	0477	966	89	0337	651	39	0238	933	89	0169	59.302
4.40	0474	21.112	4.90	0335	857	5.40	0237	42.224	5.90	0167	714
41	0470	259	91	0333	30.065	41	0235	518	91	0166	60.129
42	0467	407	92	0330	274	42	0234	814	92	0165	548
43	0464	556	93	0328	484	43	0232	43.111	93	0164	969
44	0461	706	94	0326	696	44	0230	411	94	0163	61.393
45	0458	857	95	0324	910	45	0229	713	95	0162	820
46	0454	22.009	96	0321	31.125	46	0227	44.017	96	0161	62.250
47	0451	162	97	0319	341	47	0226	426	97	0160	683
48	0448	316	98	0317	559	48	0224	632	98	0158	63.119
49	0445	471	99	0315	779	49	0223	942	99	0157	558

续表

φ值	(+φ) mm	(−φ) mm	φ值	(+φ) mm	(−φ) mm	φ值	(+φ) mm	(−φ) mm	φ值	(+φ) mm	(−φ) mm
6.00	0.0156	64.000	6.50	0.0110	90.510	7.00	0.0078		7.50	0.0055	
01	0155	445	51	0110	91.139	01	0078		51	0055	
02	0154	893	52	0109	773	02	0077		52	0055	
03	30153	65.345	53	0108	92.411	03	0077		53	0054	
04	0152	799	54	0107	93.054	04	0076		54	0054	
05	0151	66.257	55	0107	701	05	0076		55	0053	
06	0150	718	56	0106	94.353	06	0075		56	0053	
07	0149	67.182	57	0105	95.010	07	0074		57	0053	
08	0148	649	58	0105	670	08	0074		58	0052	
09	0147	68.120	59	0104	96.336	09	0073		59	0052	
6.10	0146	594	6.60	0103	97.006	7.10	0073		7.60	0052	
11	0145	69.071	61	0102	681	11	0072		61	0051	
12	0144	551	62	0102	98.360	12	0072		62	0051	
13	0143	70.035	63	0101	99.044	13	0071		63	0051	
14	0142	522	64	0100	733	14	0071		64	0050	
15	0141	71.012	65	0100	100.427	15	0070		65	0050	
16	0140	506	66	0099		16	0070		66	0049	
17	0139	72.004	67	0098		17	0069		67	0049	
18	0138	505	68	0098		18	0069		68	0049	
19	0137	73.009	69	0097		19	0069		69	0048	
6.20	0136	517	6.70	0096		7.20	0068		7.70	0048	
21	0135	74.028	71	0096		21	0068		71	0048	
22	0134	543	72	0095		22	0067		72	0047	
23	0133	75.061	73	0094		23	0067		73	0047	
24	0132	584	74	0094		24	0066		74	0047	
25	0131	76.109	75	0093		25	0066		75	0047	
26	0130	639	76	0092		26	0065		76	0046	
27	0130	77.172	77	0092		27	0065		77	0046	
28	0129	708	78	0091		28	0064		78	0046	
29	0128	78.249	79	0090		29	0064		79	0045	

续表

φ值	$(+\varphi)$ mm	$(-\varphi)$ mm	φ值	$(+\varphi)$ mm	$(-\varphi)$ mm	φ值	$(+\varphi)$ mm	$(-\varphi)$ mm	φ值	$(+\varphi)$ mm	$(-\varphi)$ mm
6.30	0127	793	6.80	0090		7.30	0064		7.80	0045	
31	0126	79.341	81	0089		31	0063		81	0045	
32	0125	893	82	0089		32	0063		82	0044	
33	0124	80.449	83	0088		33	0062		83	0044	
34	0123	81.008	84	0087		34	0062		84	0044	
35	0123	572	85	0087		35	0061		85	0043	
36	0122	82.139	86	0086		36	0061		86	0043	
37	0121	711	87	0086		37	0061		87	0043	
38	0120	83.286	88	0085		38	0060		88	0043	
39	0119	865	89	0084		39	0060		89	0042	
6.40	0118	84.449	6.90	0084		7.40	0059		7.90	0042	
41	0118	85.036	91	0083		41	0059		91	0042	
42	0117	627	92	0083		42	0058		92	0041	
43	0116	86.223	93	0082		43	0058		93	0041	
44	0115	823	94	0081		44	0058		94	0041	
45	0114	87.427	95	0081		45	0057		95	0040	
46	0114	88.035	96	0080		46	0057		96	0040	
47	0113	647	97	0080		47	0056		97	0040	
48	0112	89.264	98	0079		48	0056		98	0040	
49	0111	884	99	0079		49	0056		99	0039	
8.00		0.0039	8.50		0.0028	9.00		0.0020	9.50		0.0014
01		0039	51		0027	01		0019	51		0014
02		0039	52		0027	02		0019	52		0014
03		0038	53		0027	03		0019	53		0014
04		0038	54		0027	04		0019	54		0013
05		0038	55		0027	05		0019	55		0013
06		0038	56		0027	06		0019	56		0013
07		0037	57		0026	07		0019	57		0013
08		0037	58		0026	08		0019	58		0013
09		0037	59		0026	09		0018	59		0013

续表

φ 值	$(+\varphi)$ mm	$(-\varphi)$ mm	φ 值	$(+\varphi)$ mm	$(-\varphi)$ mm	φ 值	$(+\varphi)$ mm	$(-\varphi)$ mm	φ 值	$(+\varphi)$ mm	$(-\varphi)$ mm
8.10		0036	8.60		0026	9.10		0018	9.60		0013
11		0036	61		0026	11		0018	61		0013
12		0036	62		0025	12		0018	62		0013
13		0036	63		0025	13		0018	63		0013
14		0035	64		0025	14		0018	64		0013
15		0035	65		0025	15		0018	65		0012
16		0035	66		0025	16		0018	66		0012
17		0035	67		0025	17		0017	67		0012
18		0035	68		0024	18		0017	68		0012
19		0034	69		0024	19		0017	69		0012
8.20		0034	8.70		0024	9.20		0017	9.70		0012
21		0034	71		0024	21		0017	71		0012
22		0034	72		0024	22		0017	72		0012
23		0033	73		0024	23		0017	73		0012
24		0033	74		0023	24		0017	74		0012
25		0033	75		0023	25		0016	75		0012
26		0033	76		0023	26		0016	76		0012
27		0032	77		0023	27		0016	77		0012
28		0032	78		0023	28		0016	78		0011
29		0032	79		0023	29		0016	79		0011
8.30		0032	8.80		0022	9.30		0016	9.80		0011
31		0032	81		0022	31		0016	81		0011
32		0031	82		0022	32		0016	82		0011
33		0031	83		0022	33		0016	83		0011
34		0031	84		0022	34		0015	84		0011
35		0031	85		0022	35		0015	85		0011
36		0030	86		0022	36		0015	86		0011
37		0030	87		0021	37		0015	87		0011
38		0030	88		0021	38		0015	88		0011
39		0030	89		0021	39		0015	89		0011

续表

φ 值	$(+\varphi)$ mm	$(-\varphi)$ mm	φ 值	$(+\varphi)$ mm	$(-\varphi)$ mm	φ 值	$(+\varphi)$ mm	$(-\varphi)$ mm	φ 值	$(+\varphi)$ mm	$(-\varphi)$ mm
8.40		0030	8.90		0021	9.40		0015	9.90		0011
41		0029	91		0021	41		0015	91		0010
42		0029	92		0021	42		0015	92		0010
43		0029	93		0021	43		0015	93		0010
44		0029	94		0020	44		0014	94		0010
45		0029	95		0020	45		0014	95		0010
46		0028	96		0020	46		0014	96		0010
47		0028	97		0020	47		0014	97		0010
48		0028	98		0020	48		0014	98		00099
49		0028	99		0020	49		0014	99		00098
									10.00		00098